U0023487

下定決心要整修房子了嗎？

擁有了自己的新家後，花了3次大改造
且看家庭主婦趙喜善蛻變成時尚裝潢設計師的
歷程和設計個案

時尚X實用

家。設計

空間魔法師不藏私
裝潢密技大公開

home
design
story

時尚裝潢設計師 **趙喜善** 著
by Cho Hee Sun

朱雀文化

目錄
contents

改造20坪房

改造30坪房

改造40坪房

30 40 20

改造50坪以上房

50

妳的職業是什麼呢？

我是一位室內裝潢設計師。

啊，是嗎？那妳的家一定很漂亮。

我可以去拜訪妳家嗎？

好呀！歡迎隨時來訪。

Part1: 前言 *prologue*

室內裝潢設計師趙喜善的
Life Style 大公開

Welcome to my house

婚後歷時7年，精心打造屬於我們的家。
未搬入這個家以前，4歲與6歲的
調皮鬼兒子們只是覺得這裡好大，
可以讓他們跑來跑去。
當年的空屋經過室內裝潢設計師
趙喜善的打造，
變成有媽媽味道的「作品」。

家庭主婦趙喜善
變身為室內裝潢設計師

結婚已經邁入第17年，大學畢業後曾經在進口車經銷商工作，歷經了2年多采多姿的職場生活後，我決定辭掉工作，並且跟家人宣布要到日本學裝潢設計，誰知道這時候卻遇到了人生的另一半，留學就成了夢一場。跟所有的新婚夫婦一樣，開始跟先生住在約22坪左右的屋裡，自從有了自己的家，便產生了「現在既然有了自己的窩，何不親自動手裝潢呢？」的念頭，畢竟我在婚前就經常利用各種布料做成桌巾與窗簾裝潢房間，興沖沖的正要大顯身手時，才發現自己什麼都不懂，究竟要去哪裡找油漆工？要找誰訂做櫃子？原來自己對裝潢根本就一竅不通。

雖說如此，但我至少還知道哪些地方有許多裝潢材料店和五金行，我只好先漫無目的到這些地方蒐集有用的資料，然後也在這裡找到施工的包商，開始一點一滴打造自己的家；因為討厭家裡杏色的鐵門，所以被我換成了白色，自己也私下找了木工做了吧檯，就在我一一征服未知世界時，我的大兒子出生了，想裝潢的念頭也跟著沉寂了一段日子。不過，還不到一年我就揹著剛滿週歲的兒子到五金行購買「其實可以不必更換」的房間門把，當先生與婆婆看到我揹著大兒子，一邊提著沉甸甸的門把回到家時，瞪大了眼睛直直盯著我瞧。「我這麼做並不是只為了我一個人好，是希望跟家人一起過舒適的生活。」當時真是難掩難過的心情。

不久之後，我明白是我之前的想法錯了，首先，因為我跟婆婆一起住，否定婆婆的喜好便是不智的作法，另外，我的先生也有自己的品味，上次的「換門把事件」家人可以睜一隻眼閉一隻眼饒過我，也希望我「最好不要在牆壁上亂貼東西」，當時DIY裝潢很流行，先生認為這類材料品質一定很低劣，這樣的觀念著實讓我吃了一記悶拳，但很神奇的，這種種打擊並沒有傷到我的自尊心，反而讓我湧起更強烈的慾望。「該怎麼做，才可以打造出讓大家滿意又漂亮的家呢？」現在回過頭來想想，或許是受了當初那股強烈欲望的刺激，才能讓平凡家庭主婦的我變成室內裝潢設計師吧。

歷經好幾次「這次絕對是最後一次改造」的家，我把廚房改造成大型的吧檯形式，加上非常華麗的黑色壁鏡，搖身一變成為氣派又有設計感的空間。

為了彌補1樓的缺點，在陽台後的位置立了一道隔間牆，以達到遮蔽與防風的效果。沙發放置於陽台跟客廳的交界，安裝家庭劇院取代電視，螢幕則設在沙發的正對面，另一邊的隔間牆壁多設計了可以收藏書本的書架。

我在第一個家從新婚時期一直住到生下老二，這7個年頭可說是被我不厭其煩的改造了好幾次，每一次的改造都是以變換裝潢風格為主，每次都因為無法跨越空間的限制讓人覺得很鬱悶。「狹小的玄關？如果牆壁可以往後挪一點，就能有寬闊的玄關，也可以多放個鞋櫃之類的」，「4人用的餐桌？如果把做菜的地方挪到別的空間，在原本廚房的空間做一個L形吧檯桌，就是全家人能聚在一塊的飯廳了」。「反正等孩子大一點就會搬家，這麼大費周章的改造房子似乎太『奢侈』了一點」，也因為這想法讓我一忍再忍，後來因緣際會之下，我跟先生決定要搬家，那時在我們住家前面剛好有新蓋的40坪新大樓，我帶著6歲與4歲的兒子去參觀新房子，這兩個小傢伙在寬廣的空屋內開心的追趕跑跳碰，好不愉快。兒子對我說：「媽媽，如果我們可以住在這裡就好了。」當時我被他們天真可愛的模樣給迷住了，於是火速的跟建商簽了約，就這樣我們便搬進了比原先的公寓大上兩倍的房子裡。

這下子有了新房子，而且還是很大的新房子，我所有的煩惱似乎都獲得解決，由於空間真的很夠用，本來我以為可以盡情地大顯身手了，想不到真要動手的時候，問題才一個個蹦了出來；首先是施工廠商並沒有很積極地想幫我施工，另外我找住家附近的施工廠商來幫我鋪設強化地板，廠商跟我說材質不好，他們不建議我做，當我強烈表達我的想法時，他們竟然叫我改用其他較好的材質才要幫忙做，簡直是潑我的冷水！我的腦海裡已經有了雛形，卻老是因為一些奇怪又荒唐的理由而無法實現，真是快被氣死了，後來我總算覺悟，如果想完成我想要的裝潢風格，我就必須變聰明一點……

於是在我心裡那股想要動手裝潢的本能開始蠢蠢欲動，一想到這樣我便到建築市場取經，一樣一樣認識了五花八門的建材，並掌握建材的特性，所以我可以具體準確的向施工承包商表達自己的想法，前面提到的強化地板，此時成了我實驗的對象之一，入住新家時，我努力說服一開始就不看好鋪設強化地板的包商，請廠

客廳 living room 至死方休的改造裝潢本能

如果有人問我是什麼樣的人……

我？我是一個改造自個家的女人！

玄關的牆面上貼上強化地板，這是一個可以防止牆壁弄髒的點子。

貼上裝飾感強烈的壁紙，換上壁紙就能改變氛圍。

白色系的廚房用具與吧檯桌，完成兼具摩登與實用性的廚房。

牆壁中央處裝設了古典裝飾框，讓飯廳更增添了一份優雅。

客廳沒有擴大，加入一些必要的要素來強調空間感，蝴蝶櫃達到混搭的效果。

除了到裝潢材料店實地訪查，
也研讀了許多雜誌與各種書籍，
在腦海裡演練了無數次的「模擬」後，
趙喜善DIY裝潢終於以成功收尾，
越做越得心應手，是不是很有趣呢？

商將強化地板貼在玄關的牆壁上，這稱得上是創新的做法，如果只是貼壁紙，肯定馬上就被小孩手上的汙垢與腳踏車弄得髒兮兮，這是防止牆壁弄髒而想出來的妙法之一，後來果真如預測的一樣，簡簡單單就解決了我最感冒的玄關清潔問題，到這邊我想我終於可以在施工廠商面前稍微揚眉吐氣，「DIY裝潢」也變得可行了。

這間佔地約40坪的新家，桃花心木地板配上白色的牆壁，看起來除了簡約乾淨以外，還有幾分寬闊與時尚的感覺。臥室只放了床，就連客廳也只配置了沙發與小型的家庭影音設備，風格參考當時流行的，裝飾性質比較強烈的古典風，然後做出屬於自己的設計，這就是我的第一個作品，對小孩而言是個可以盡情跑跳玩耍的空間，對大人而言是一個沒有太多累贅物，可以放鬆休息的空間，後來我又進行了兩次大改造，當時中國風的蝴蝶櫃非常流行，幾乎每個家庭都有一個，我去東南亞旅行的時候，在當地的裝潢材料店又買了一些民族風家飾品與小裝飾品，因此家裡的布置有了新風

3rd remodeling

第三次的改造，雖然已經快4年了，感覺還是很時尚，加了樹與石頭這些自然的色調進去，給人舒適的感覺，怎麼看也不會膩，因此到目前為止並沒有再進行改造的打算。

貌，這些搭配讓我開心的證明了自己的信念，我相信只要好好整理基本款，以後也可以任意混搭出我想要的風格來。

半開放式廚房成為跟家人聚在一起談天說地的絕佳空間，被一群男人包圍的「媽媽」，是非常幸福的。

「只要在基本的空間增添一些大自然的素材，
超越時間的洗鍊感就會一直持續下去。」

家，又要改造？

不！現在只想安穩的住下去！

當我家被雜誌報導出來以後，認同我的裝潢技巧與風格的人越來越多，所以我開始改造別人的家，這也是讓我轉型成為「專家」的契機。後來我到一家建設公司上班，學習建築的原理，有幸可以了解到大樓的內部構造。就在此時，我把孩子送到國外進行短期留學，因此有了一段非常難得的空閒時間；孩子不在身邊的這段期間，我每天都奔波於裝潢設計的工作，幾乎是一個月接到一個以上的裝潢委託案件，過了一段早出晚歸的工作生活，但是一想到正從事自己最在行的事情，就好像獲得新生一樣，丈夫看我過得如魚得水，問了我一句：「老婆，過去的妳怎麼會甘願只做個家庭主婦呢？」我回答：「我比較想反問你，為什麼把這麼有才華的老婆成天鎖在家裡面呢？」

接近瘋狂的工作生活只維持了一陣子，轉眼間到了孩子們學成歸國的時候了，我看了看自己的家，心想：「這裡真的是一個室內設計師的家嗎？」就在一念之間，我開始了第三次的改造，這幾乎實現了我過去只放在腦子裡的想法。為了犒賞自己，特別設計了自己的廚房，安置了一個巧妙遮住廚房最亂角落的吧檯桌，我還在臥室做了隔間，隔出一間穿

在不斷嘗試更新穎、更有個人特色的設計時，我家成了最好的實驗室，只要是我想嘗試的，就會被我毫不猶豫的拿來開刀，而這三次的改造，都成為成功的範例。

客廳的地板鋪設了白色磁磚，除了看起來有放大空間的效果，也提高了保暖力。

擺在客廳裡的書櫃，表面為拋光的棕色珠光木紋，強調自然的現代感。

利用電腦配件的冷卻扇做成的燈，被我拿來裝飾牆壁。

沒有放置電視，這裡便成為全家人談天說地的空間；最近老二迷上音樂，我們就在這裡享受聆聽吉他現場演奏的幸福時光。

「裝潢by趙喜善」工作室座落在有許多美麗咖啡店聚集的弘益大學附近，在年輕的街上，一個非常雅緻的地下室空間裡，在這裡似乎會有很多靈感與新穎的點子泉湧而出。

衣間，即使隨手丟衣服也不會有礙觀瞻，算是專為我這個懶惰的「職業媽媽」所打造。第三次的改造，算是送給學成歸國的兒子們的「驚喜禮物」，成果令我非常滿意，所以一直到現在都沒有動過要改變的念頭。

與其說因為一開始就獲得不錯的成績進而產生雄心壯志，倒不如說我只是單純想分享與推廣我的裝潢哲學。當然在這個世界上優秀的設計師很多，但至少像我一樣曾經歷過家庭主婦生活，養育過孩子，甚至親自動手改造自己家的設計師應該少之又少，因為我是直接從生活當中所獲得的靈感，所以我的設計都是非常貼近生活的，但這不代表我的設計一定以實用性為優先考量，由於想了解其他國家的裝潢風格，所以我到日本、紐約與世界各地的朋友家裡拜訪並一探究竟；我也會到以設計風格聞名的飯店住住看，一窺他們的特色；偶爾也會去參加設計博覽會，仔細研究取其長處，因此我才能夠做出像八色鳥一樣繽紛的不同風格。一開始我是自行接案，後來覺得需要有「同事」一起分享我的信念，就在此時，我運氣很好地遇到兩位實力堅強的設計師，也就是林鐘洙與全善英，這兩位設計師原本就已經小有名氣，跟我一樣都是自行接案，現在被我納入「裝潢by趙喜善」工作室，跟我一起推廣我的裝潢設計原則與哲學。

公司 office 我的公司？就是「裝潢by趙喜善」工作室

拒絕改造裝潢？
Yes! 夢想著聰明的空間

一旦你對某個領域非常專精，就會想要挑戰其他的領域，接下來我想推出「趙喜善公寓裝潢設計」，訴求是只要進行過一次，就可以沿用到底的超實用設計，這樣的口號會不會太招搖呢？其實對於室內裝潢，有滿多地方是令人感到惋惜的，如果一開始就能以方便與舒適為考量進行裝潢，就不用委屈自己去忍受種種的不方便了。

幫助別人做居家設計，說穿了就是幫助一個家庭設計幸福，這一切，從只是單純想把一個雅致的空間裝飾得更加與眾不同的初衷開始，除了自家人以外，慢慢拓展到也希望鄰居能夠幸福的設計，現在想想仍是覺得很神奇，對於這樣的工作，我的熱情只有增加沒有減少，每次望著這些成長、進化後的空間，就明白自己無法抵擋這樣的魅力。所以，我今天依舊看著空間開始想像：「啊！如果把這片牆壁往後移，出入的動線就可以變得更寬敞了……」

CCUMIM
byCHOHEESUN
Housing & Commercial Interior Styling Group

「裝潢by趙喜善」工作室的三人幫

仔細、正確、清楚！全善英組長，是連磁磚縫隙的顏色都納入設計的細節女王！

愉快、爽快、痛快！負責設計出既大方又時尚風格的林鐘洙組長。

「裝潢by趙喜善」工作室的老么設計師洪玄美，設計風格跟她的個性一樣，非常溫柔。

過去四年我們所裝潢過的房子，幾乎每個月都被國內有名的裝潢雜誌《檸檬樹》、《女性中央》、《幸福滿屋》、《Maison》報導，成果備受肯定，這是我樂在其中的工作，一頭栽入裝潢的魔力之中，讓我非常享受。

看著被清空的空間，心裡怎麼會一陣悸動呢？在漫天灰塵的施工現場忙完後，享受的那一杯咖啡，也許就是答案。

自從成為專家後，持續增加的工作量與領域，激發出我身為時尚裝潢設計師的潛力，對於陌生的領域也不會感到害怕，像是寫雜誌專欄、各種文化講座，甚至是擔任顧問，因為在親身經歷與研究的過程中，就已經累積了許多知識，機會是給準備好的人，只要發揮機會即可。

演員金明民家完工當天，對於日後可以在新造的甲板上享受「與大自然接觸的生活」感到非常開心。

演員吳勝恩家的拍攝現場，拍完後緊接著舉行了一場非常豪華的派對。

廣播人朴美善位於一山的住宅修繕工事，替文靜又豪爽的「主婦」朴美善小姐的空間增加了「翅膀」，住起來更舒適。

替將為人母的李升燕所進行的整修，我們同年，我以「老手媽媽」之姿，替她設計了兼具實用與美觀的房間。

藝人金寶妍的豪宅整修工事，內部裝潢保有古典與傳統風格，是一棟非常優雅的建築，令人印象深刻。

裝潢設計大公開

Invite open house

Part2: 靈感 inspiration

1 改造20坪房
2 改造30坪房
3 改造40坪房
4 改造50坪以上房

BAUHOUSE

「白色空間是充滿了可能性的沉默，
同時帶有年輕的『無』。」

——抽象藝術大師瓦西里・康定斯基（ Wassily Kandinsky ）

複合式空間
multitasking space

20坪的空間，因為比較狹小，容易讓人產生「放棄」改造裝潢的念頭。當我盯著這些空間，天馬行空的想像如同湧泉一般源源不絕冒出，條件上的限制越多，就更該思索能夠克服空間障礙的方式，這不就是裝潢設計的目的嗎？只要利用嶄新、實用以及獨創的點子，就能讓空間有令人眼睛發亮的轉變的，正是20坪的住宅。因為我也曾在這樣的空間裡度過新婚生活，並帶大了兩個孩子，所以對這樣的空間確實有一份特別的情愫，我從生活中所獲得的20坪住宅改造裝潢法則又是什麼呢？

答案是是把房子打造成「複合式」功能，如果打算只維持每個空間的基本機能，那就無法完成令人滿意的裝潢，讓想法轉個彎，客廳能夠變成書房，廚房也能夠變成工作室，雖然現在只有兩個人住，但也必須替將來增加的家族成員設想，有些房間必須具有變身的功能才行，讓人想放棄的狹小空間，其實是一個充斥了許多可能性的年輕空間。

頂客族夫妻的兩人世界
89m² / 27坪

生活風格
家庭成員為雙薪的新婚夫婦，週末都待在家裡享受空閒時光，不打算有小孩的頂客族，追求時髦前衛的生活方式。

客戶需求
半經典式的奢華風格，要求有一個時尚廚房，要能夠容納得下一個大型的餐桌。

設計重點
設計基礎為新古典式風格，利用古典銀飾強調奢華感，並將客廳改成大型飯廳。

1

1 隱身在客廳裡的飯廳，按照餐桌的長度，在天花板裝設了三個照明燈，排成一列延伸到落地窗前，讓空間有視覺上的加長效果，感覺更加氣派，牆壁漆上Benjamin Moore品牌的薄荷綠色油漆，線板額外上了銀色漆。
2 將最小的房間改建成臥室，為了騰出放置床的空間，把門換成了滑軌門。
3 建置了拱門，方便從飯廳出入視聽室、廁所與梳妝室，拿掉原本放置櫃子的空間，改建成梳妝室。

以突發奇想完成的奢華新婚房屋

新・新經典 new neo classic

為什麼客廳就一定要擺沙發呢？
如果在客廳放一張餐桌，應該也不是什麼大不了的事情吧？
遇見了比設計師還要前衛，個性也很強烈的客戶，
將平凡的新婚房屋改造成不遜色於晚宴會場，既漂亮又華麗的寬敞空間。

把客廳改成了飯廳。雖然已經有一張大型餐桌，為了方便夫婦倆能夠在廚房簡單用餐，額外裝設了2~3人用的吧檯桌，牆壁上貼上鏡面馬賽克，讓狹窄的空間看起來更寬闊。

收納櫃中央裝設間接照明，營造沙發周圍的靜謐氣氛。

不藏私密技

說實在的，真的很幸運能夠遇到像鄭寅倫這樣的人，他的生活哲學是「就算只住一個月，也要住得舒服自在」，也因為這樣，我們打破了許多先入為主的觀念，用天馬行空的想法進行改造。「我們是新婚夫婦，既然是屬於我們自己的家，為什麼不能改造成我們想要的風格呢？」對於客戶的哲學我非常欣賞，於是很大方地提出了我的想法。我告訴他們：「我會努力達成你想要的風格，你們就放心的把房屋配色和其他瑣事交給我們處理吧！」這次的設計風格果真非常創新，由於客戶想要有寬闊的飯廳，所以我就把客廳改成了飯廳，他們說喜歡華麗的感覺，我就用銀色的線板裝飾牆面，完成了時尚又典雅的風格，大膽地用薄荷綠色環保油漆粉刷了牆壁，整個空間讓人覺得耳目一新。

我把屋子裡最大的房間改成了放置電視的書房兼視聽房，小房間放了一張床，單純只有臥室的功能，只不過是讓各房間的機能做了大風吹遊戲，就滿足了客戶所有的期望，連我都覺得很有意思，而客戶對這樣的改變不僅完全接受，滿足度更是達100%，為了滿足客戶的需求，身為設計師倒是默默忍受了一些無法改變的事實，首先，因為無法改變老舊電線的位置，而無法隨心所欲挑選飯廳上方的照明燈具，再來，合併陽台跟客廳時，因為房子已經很老舊了，所以無法在合併空間砌水泥地，只好改用木材來代替，陽台地板高度要跟原來的客廳地板高度一樣，不能有高低差，只好重新鋪設暖器設施的電線，不過這些都是很好的學習經驗！

1 將原本的主臥房改成視聽室兼書房，除了合併陽台的空間，也創造更多的收納空間，在長長的牆壁兩側都做了櫃子。巧妙利用書房的書櫃達到空間上的分割，書桌下方鋪上了馬賽克磁磚，從旁邊看上去有隔間的效果。

2 為了讓主人能夠舒服地觀賞電視，放置了沙發床，兩側分別做了大櫃子，解決了收納的問題，這是讓放置沙發床的空間看起來更舒服的重點，幾何圖案的壁紙，讓這片牆也成為注目的焦點。收納櫃之間的天花板上裝設了間接照明，讓沙發床周圍看起來加倍溫馨。

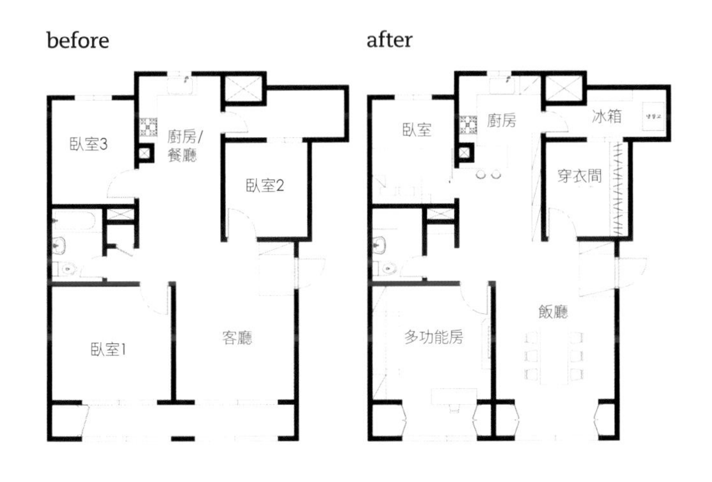

新潮派夫妻的新婚小窩
89m² / 27坪

生活風格
家庭成員是一對年輕、有想法的新婚夫妻，希望裝潢成商業空間的感覺，想把潮流應用在生活中的新潮派。

客戶需求
希望能擁有咖啡廳式的廚房，以及日式復古的風格，客廳想要放置書櫃與大桌子，說穿了，就是想把家改造成咖啡書店的感覺。

設計重點
利用磁磚將廚房打造成既優雅又帶點復古的感覺，訂做了原木書櫃與桌子，完成了像咖啡廳的氛圍。

兼具人文涵養與實用的設計

咖啡書店風格 book café style

完美的時尚感，就算是拿來跟復古咖啡廳相比，也絲毫不遜色。
李美靜小姐來找我是為了想替新婚房子裝潢，我從她臉上的表情可以得知，這次的案件應該非同小可，
果然不出所料，委託人希望把咖啡書店整個搬到自己家裡。

1 訂做一個有收納功能的椅子，除了增加收納空間，也是一個讓小空間變大的點子，在玄關與椅子之間有一道有收納功能的隔間牆，在隔間牆上設計了黑板，此外更選用了水彩手繪風格的壁紙，襯托出原木的自然魅力。

2、3 設計一個可收納書本的書櫃，是裝飾的要點，2公尺長的桌子方便主人在客廳看書與喝茶，書櫃中央是一處可拆式的收納空間，方便主人展示其他的裝飾品，天花板上隨意排列的照明燈，增加了獨特的個性，地板採用Dongwha Nature品牌Flooring的Floren Raum Maple系列產品。

合併了雜物間，打造半開放式廚房，廚房的隔間牆上貼上壁磚，創造了復古的氛圍，原木餐桌讓感覺整個到位，餐桌下方是開放式的收納空間，大大提升了實用度，特別訂製的椅子下方也是可收納空間。

1 以象牙色系壁磚打造的飯廳&廚房，壁磚的填縫材料中混合了橘色顏料，凸顯出牆壁，是設計的要點，廚房改成半開放式，地面上鋪設了地磚，提升廚房的實用性，廚具使用的是Hanssem IK5 Pearl White系列的產品。
2 餐桌上方裝了一排由作家金孝允設計的可愛吊燈，營造溫馨可愛的氣氛。

「希望可以把客廳改建成沒有電視的書房，最好做成咖啡書店的風格，廚房幫我裝潢成有日式復古的感覺，另外主臥室幫我做成視聽室，小房間內只要擺一張床就好，因為打算在這裡長住，再幫我設計一間客房，這樣應該就夠了。」由於是在婚期定好後開始進行裝潢房子的，不過，即使時間有點急迫，李美靜小姐對於每件事情仍是精打細算，她渴望能擁有像復古風咖啡廳一樣的廚房與客廳，為了實現她的夢想，我那感應最新潮流的觸角便又開始啟動了。由於屋主的需求非常具體，所以進行過程中並沒有遇到太大的困難，不過把實用性擺第一，又要兼顧「氣氛」時，那麼完工材料（Finishing Material）的選擇便是重要的關鍵了，所以我把這個重責大任交給善於表現感情的全善英組長。

將客廳書櫃的中央部分設計成可拆式的收納空間，特別訂做的椅子與一字型桌子讓客廳不會看起來太沉悶，玄關與特製椅子之間有一面隔間牆，隔間牆可當成收納空間與黑板使用，將客廳塑造成一個溫馨、充實的小天地，全善英組長的一些細節上的設計，在屋主羅曼蒂克的復古廚房裡大放異彩。在她的「強烈堅持」下，搭配了散發出寧靜氛圍的象牙色調磁磚，並特別在磁磚的填充材料上混合了橘色，讓原本稍嫌單調的磁磚牆壁增添了幾分生氣，另外還裝設了精美陶瓷吊燈，比外面的咖啡館還要漂亮的廚房就這麼誕生了。

就在所有事情都很順利地進行的時候，發生了一件勉強可稱為爭執的小衝突，就是屋主夫婦對於在客廳的牆壁上貼上壁畫這件事情有些猶豫，我要他們「就相信設計師一次吧」，因此成就了這個家最特別的角落。

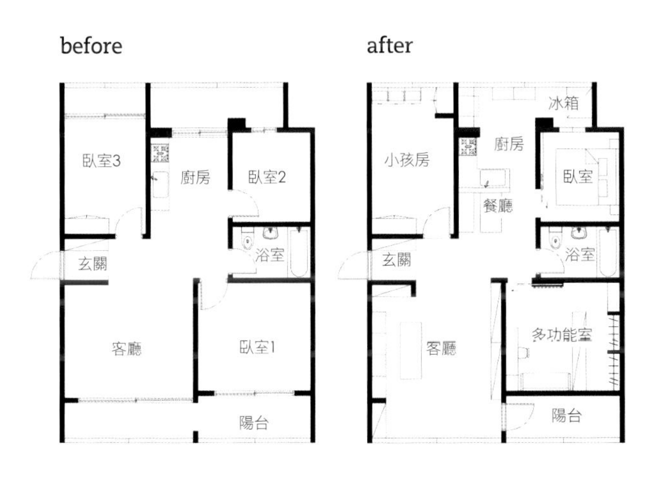

1

讓空間的利用更實際，

經過計算之後所打造出來的風格，

就算花費再多的時間也是值得的。

2

1 在穿衣間隔間牆內多設置了收納櫃、鏡子與照明燈，成了一個迷你梳妝室。
2 在最小的房間內放了一張床，成了一間小臥室，木板貼上壁紙做成了床頭板，在床的兩側另外裝了輔助燈與按鈕。除了購買床墊以外，床架與床頭都是直接訂做的，同時兼具實用性與美觀。
3 精心設計的視聽室，牆上有輕薄的壁架與迷你書桌，主人可以在這裡使用電腦。
4 把最大的房間隔間成穿衣間與視聽室，讓房間同時兼具多種機能，沙發則擺在窗前，電視就放在沙發的正對面。
5 由於房間內放置了電視，為了不干擾到電視的收看，特別將房門改為滑軌門，電視後面的大條紋壁紙是用剩下的單色壁紙剪下貼上的，看起來就像是專門設計的一樣。

3

4

5

時尚風的
兩人專屬空間
82m² / 25坪

生活風格

邁入第5年婚姻，像朋友一般相處的夫婦。因為沒有生小孩的打算，所以希望依照夫妻各自的個性與愛好做設計，非常懂得享受生活上的閒情逸致。

客戶需求

想要時尚又有格調的風格。所有物品都能整齊收納，沒有任何累贅物，希望能打造出時髦又前衛的空間。

設計重點

利用白色&黑色當底色，客廳鋪上白色的地磚，牆壁貼上黑白圖案的壁紙，非常時尚。

合併陽台空間建成的客廳，貼上紐約街景圖案壁紙，創造出戲劇感，將原本放置電視的牆壁也以壁紙裝飾，電視則挪到對面的牆壁上，居家氣氛整個煥然一新。地板鋪上白色地磚，讓空間的擴張效果達到最大化，落地窗前放置了一張有收納功能的長椅。

以黑色&白色呈現時尚感的房子

New York contemporary
紐約現代風格

改造小型公寓的時候，有許多人都有共同的疑問：「小房子在裝潢之後，真的會有FU嗎？」
也許會有人認為，如果以實用性為前提做改造，那就勢必要放棄品味，其實不然，像這間住兩個人恰恰好的公寓，就可以打造出紐約客的別致風格，也能兼顧收納的實用功能。

1

1 在這間房子裡，改建最多的部分是廚房，為了迎合先生「希望擁有能一邊洗碗一邊看電視的廚房」的要求，於是將原有的雜物間與廚房合併，把流理台移到吧檯桌後方，打造了半開放式的廚房，廚房的牆壁貼上暗灰色磁磚，容易清潔，而且很有都會感。
2 將臥室設計成跟飯店一樣，打開房門就能看見床。床的側邊與後方額外挪出空間來，立了一道L字型的隔間牆，多做了穿衣間與梳妝室。用來當做床頭的隔板高度並沒有做得太高，在中央處開了一個長方形開口，讓自然光線可以透射進來。
3 臥室通往穿衣間的入口。
4 床頭板的背面有收納物品的功能。

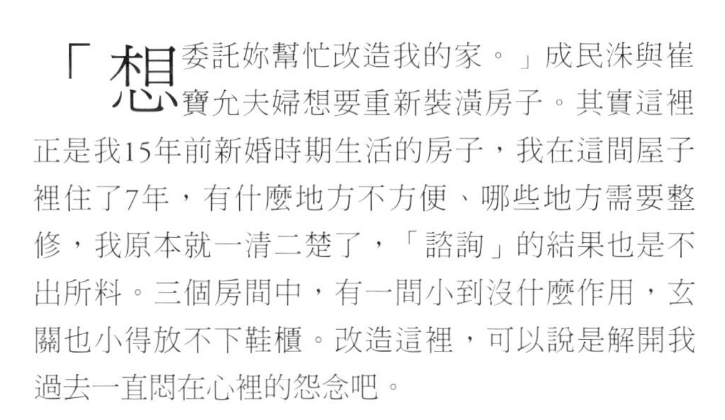

「想委託妳幫忙改造我的家。」成民洙與崔寶允夫婦想要重新裝潢房子。其實這裡正是我15年前新婚時期生活的房子，我在這間屋子裡住了7年，有什麼地方不方便、哪些地方需要整修，我原本就一清二楚了，「諮詢」的結果也是不出所料。三個房間中，有一間小到沒什麼作用，玄關也小得放不下鞋櫃。改造這裡，可以說是解開我過去一直悶在心裡的怨念吧。

拆除了玄關一邊的牆壁，空間頓時寬闊了起來，於是我把玄關改造為可以讓兩個人同時穿脫鞋子的空間。把廚房改造成半開放式廚房後，就可以邊洗碗邊觀賞和廚房相通的客廳裡的電視了。這樣的設計還有一個重點，就是方便跟另一半談天說地以便「感情交流」，對於臥室，我挪用了一點陽台的空間來擴建臥室，立了一道L型的隔間牆，額外騰出穿衣間與梳妝室。改完格局後，剩下的就是賦予這間房子魅力的所在，也就是「紐約現代風格」，把線板跟地板漆成了黑色&白色，雖然只是基本款，但很有時尚的感覺。把紐約都會街景的壁紙貼在客廳牆壁上後，突然覺得就算是真正的紐約豪華大樓也沒有那麼讓人羨慕，這裡真的是那個曾經讓我捶胸頓足的房子嗎？

before

after

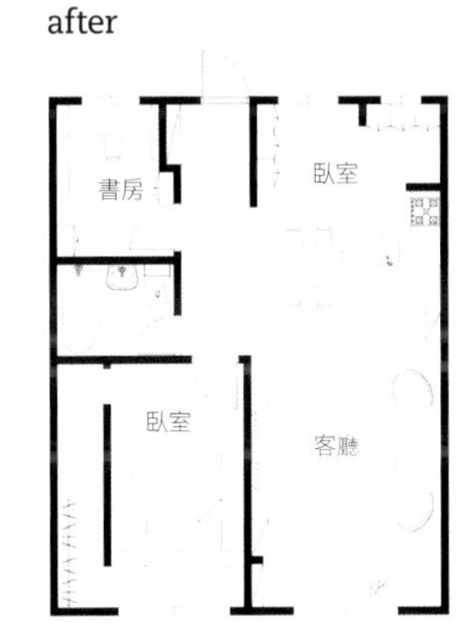

清爽明亮的
兩人甜蜜小窩
79m² / 24坪

生活風格
家庭成員為一對20幾歲的新婚夫妻，在電子公司擔任研究員的丈夫與喜歡煮菜的妻子，希望可以在家辦公及享受各自的興趣。

客戶需求
喜歡明亮的氣氛，要有一間可以讓兩人肩並肩坐在一起的書房，臥室裡的浴室改成乾式的梳妝間。

設計重點
屋子配色主要以橘色系為主，將客廳一角改造成開放式的書房，另外把廚房跟雜物間打通，增加廚房的空間。

1 從玄關進入客廳、廚房、臥室的走道，為了不讓裝設電視的牆壁看起來太沉悶，特別做了波浪的造型，走道盡頭裝了間接照明，還特別製作了有條紋感的牆壁。2 廚房與客廳之間的電視牆，其實也兼具隔離空間的作用，另外，在客廳落地窗前放了一組小巧精緻的3人座沙發，沙發正對面設計了電視牆，維持觀賞42吋電視的視程距離，有收納功能的隔間牆把客廳另外隔成書房，訂製的書櫃與書桌沿著牆面擺放，提高了空間上的應用度，地板使用的是Dongwha Nature Flooring牌的Click Dream Mangona系列產品。

像橘子一樣清新的新婚小窩

清新風佈置 fresh apartment

粉紅色跟白色是裝潢新婚小窩時常用的顏色，老實說，生活久了自然會明白其實粉紅色並不見得是最好的選擇。不知道是不是因為對色彩的敏感度比較高，才會意識到這件事呢？「希望能使用明亮的橘子顏色！」本人也像橘子一樣清新的洪小彬小姐，她獨到的眼光打破了千篇一律的新婚裝潢慣例。

3

1 飯廳使用了兩種顏色的壁磚，藉由規則排列創造出花樣，設計了L字型的吧檯桌取代傳統的餐桌，完成了超實用的空間。2 將雜物間與廚房打通，增加廚房的空間，連小角落的空間都是經過精心設計的，瓦斯爐上下各有收納櫃，可以放一些瓶瓶罐罐。3 在牆面上挖了一道空心收納空間，放置通常不會被動到的電錶，安裝了活動門方便主人隨時做檢查。4 寢室裡的小浴室改造成梳妝室。5 以象牙色調打造明亮的寢室，擺放寬而低的床鋪，營造了安樂與安全感。

＊要改變房屋格局的時候，依《建築物室內裝修管理辦法》規定，必須委任開業建築師辦理申請室內裝修執照，並向縣市政府建管處提出申請建築物室內裝修審查許可。

1

把電錶藏在牆壁裡的絕妙點子，由於是按壓式的活動門，讓門看起來就像是牆壁的一部分。

→
不藏私密技

不同於羅曼蒂克的女性美，

選擇休閒、清爽的流行風格，

於是，一個很棒的新婚小窩就這麼誕生了。

為以後出世的小寶寶預先準備的房間，目前則是客房兼穿衣間。特別設計的收納櫃，以後可以用來放嬰兒用品，小孩長大後，可以拿來放玩具或書本。

1 由客廳延伸的書房，收納抽屜選用了橘色，跟同色系的客廳自成一格。

2 小型公寓裡不常見到的玄關走廊，天花板裝有投射燈，開啟玄關門，就能看到牆上主人展示照片與收藏品，玄關的地板、牆壁一直到房間門口，皆鋪設金屬質感的磁磚，除了不容易變髒，也很方便清理。

「這組沙發好像有點大耶？」我收到一封夾帶照片檔案的電子郵件，對此我做了回覆：「的確大了點，建議直接訂做。」「如果妳覺得這樣比較好，那麼我也同意，設計成這種款式怎麼樣？」屋主洪小彬小姐跟先生是遠距離戀愛，找上「裝潢by趙喜善」也是遠距諮詢，在現場開完會後，她把所有的細節都交由我們打點，也讓我們知道，這次的裝潢是她的嫁妝，所以她非常期待。這棟最近才建好的公寓裡，客廳為橫向的長條式空間，對我們來說是個滿特別的案子。主人給我們兩個「選擇」，一是客廳隔出另外一個房間，二是再將客廳擴建，對此，我們在客廳立了一道隔間牆，打造一個可以讓夫妻共同使用的書房，並且將客廳與陽台打通，加大客廳的格局。

為了避免觀看電視的距離太短，在擴建面的正對面，立了一道可以安裝電視的隔間牆，讓客廳變成「非常寬敞的空間」。緊接著，為了愛做菜的她，特別把廚房與雜物間打通，打造一間一字型廚房，在原本的廚房位置設計了L型的吧檯桌，成了飯廳，把臥室裡的浴室改建為可不用放置梳妝台的梳妝室。依照客廳的大小量身訂做了沙發，還訂做了書房的書桌與書櫃，現在這間房子儼然成為「只要提一個皮箱就可以馬上入住」的嫁妝了。我最後的任務，就是把這個禮物包裝得漂漂亮亮的，我從數百款壁紙裡千挑萬選的結果，最後選上了橘色色調的幾何形立體圖案，以這款壁紙替這次的裝潢任務做了愉快的結尾，「這間房子已經裝潢2年了，看起來仍是一個非常新鮮的蜜月小窩，似乎都是橘色的功勞呢！」，房子真是遇到了好主人，到現在看起來還是跟新的一樣。「小彬小姐，願妳好好珍惜這個嫁妝，永遠保持它的美麗！」

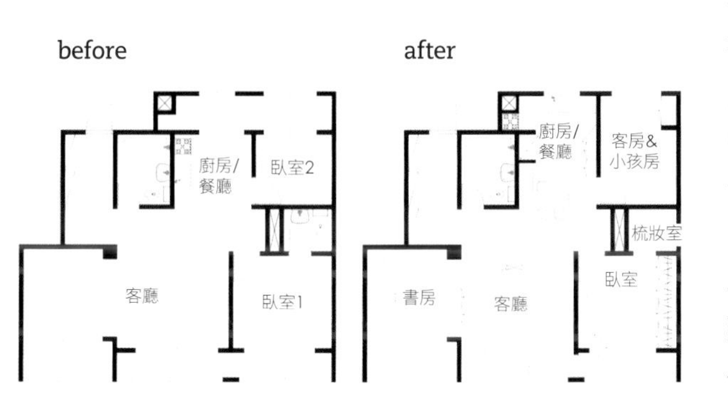

簡約風格的
兩人天堂
79m² / 24坪

生活風格	客戶需求	設計重點
家庭成員為時髦的丈夫與空服員太太，都會風情派夫妻，喜歡簡約的風格。	希望能擁有一間放得下大床的臥室，為了有很多衣服的丈夫，需要一間穿衣間，還需要能同時容納夫妻倆的書房。	改變狹長型客廳的格局，創造更實用的空間，為狹窄的廚房量身打造精巧的廚具。

1 2

利用直線與黑色，打造整齊的空間

between normal & dandy
介於中庸與華麗之間

不管房子的裝潢有多麼千篇一律，總是有例外，如果這個例外是正向的，那可是錦上添花。
雖然只是20坪大小的房子，但是客廳卻有長長的走道，狹隘的廚房格局讓我有點意外，
如果是一個人住還好，如果是新婚的夫婦倆，恐怕就不太適合了。唉，該怎麼解決這個難題呢？

1、3 若照客廳原有的狹長形格局，電視沒有適當的擺放位置，為了解決這個問題，便將沙發擺放在落地窗前，在正對面建了一道隔間牆，用來安裝電視，裝設電視的隔間牆背面以黑色鏡面質感的壁紙裝飾，正面則為幾何圖形的壁紙。

2 站在玄關看到的客廳景象，天花板上的間接照明有放大格局的效果，飯廳裡的吧檯桌正上方裝了泡泡造型燈，在視覺上看起來非常清爽。

3

雖然我有「中小型住宅裝潢達人」的稱號，也很清楚20坪住家的問題點與善後方法，但我還是頭一遭見到這樣的格局，看起來像狹長走道的畸形客廳，無法擺放4人餐桌的迷你廚房，就連房間也是狹長的格局……

看到這樣畸形的格局讓我很憤慨，暗自下定決心：「你這個突變怪物，我一定要讓你恢復正常！」為了把家裝潢成新房，決心要「大膽做投資」的金光熙先生也說：「我一個人住的時候沒什麼感覺，等到要改建才知道這麼麻煩。」他的要求只有一個：「要看起來時尚。」好凸顯時髦的自己。希望以黑色和白色的簡單直線為主，但是當空姐的太太則偏好浪漫的風格，嗯，這對夫妻的喜好落差滿大的。最後溫順的太太接受了丈夫的意見，所以這次的裝潢焦點會以黑色與線條為主，把畸形的格局「改正」成為實用的時尚空間。若依照原來的格局，觀看電視的距離太短，因此挪用了一點陽台的空間，在落地窗前放置了沙發，沙發的正對面，也就是在客廳與走道的交界處做了一道專門用來懸掛電視的隔間牆，保持42吋液晶電視的觀賞距離，一打開玄關門就能看見的狹小廚房則跟雜物間合併，這麼一來廚房的面積就變得更寬敞了，在原本的廚房位置放了一張訂製的吧檯桌，飯廳的部份就完成了。對於臥室的要求，先生希望只放一張床就好，太太則因為工作上的需要，特別需要能夠「熟睡」的臥室，對此，夫妻倆總算有了共識，所以臥室裡面就真的只放了一張床，另外也依照太太的特別要求設了間接照明，日後兩人會在這個地方努力睡覺（也使用了有遮光效果的窗簾，簡直是Perfect）！

至於可讓夫妻倆一起使用的書房，則是在窗口擺了一張特別訂製的一字型書桌，牆壁上加裝了簡單的S型壁架，具有都會感覺的書房就大功告成了，緊接著，把剩下的最後一間房間打造成穿衣間。如果以為這間穿衣間是專為這位如模特兒般的妻子所打造的空間，那可就大錯特錯了！因為想要穿衣間的人，可是衣服比妻子還要多的金光熙先生呢。穿衣間我雖然設計成夫妻倆可以共同使用，但是我想使用試衣室的常客應該是追求時尚流行的丈夫吧。黑色與線條雖然是很基本的元素，卻能讓家裡的空氣充滿了時尚感，或許有人會懷疑，這真的是新房嗎？

1

想同時兼顧品味與實用性？

不妨以男系的黑&白時尚感

表現中庸之美。

before

臥室3
浴室
廚房/餐廳
臥室2
客廳
臥室1

after

穿衣間
浴室
廚房/餐廳
書房
主臥室
客廳

1 打通雜物間與廚房，改造成足夠放置洗碗槽、瓦斯爐、洗衣機的廚房，在原來的廚房位置上設置了吧檯桌，黑色的櫃子搭配了白色系列的廚具，讓狹小的廚房看起來整齊又摩登。

2 臥室的擺設很簡單，只放置了一張大床，天花板裝設了間接照明燈，床的兩側各有一盞吊燈。

3 從玄關通往屋內的走道牆壁上，以地板板材做裝飾，橫條紋的木板讓狹窄的空間看起來有寬敞的視覺效果，而且技巧性的把電箱遮蓋住。

4 穿衣間裡的收納空間設計，可放下不少的衣服。

5 以水泥牆壁紙、直線型壁架以及書桌裝飾的書房一角，看起來簡單&時尚。

「30坪，提供了最溫暖的生活空間給各個年齡層，如果說最適合一個人居住的空間是5.5坪，那麼30坪絕對是最適合一家子的生活舞台。」

理想空間
ideal space

30

30坪大小恰到好處，不會太窄也不會太大。四個人住剛剛好，也是新婚夫妻能夠各自擁有個人空間的坪數，另一方面，即使是三代同堂也沒有任何不方便。30坪的生活空間，如果睜一隻眼閉一隻眼也能住得安穩，如果對居住環境的要求比較嚴格一點，也能夠改造得更舒適一些。可依照家庭的規模打造有效率的動線與收納空間，成為滿足每一個家庭成員的房子，並且永久居住下去。盡可能省下不必要的裝潢，透過整理與裝飾就能讓居家的氛圍變得有「品味」，不用大費周章花大錢進行改造，只要換掉窗簾、壁紙與一些裝飾品，就能讓家有耳目一新的改變。

簡潔幹練風的四口之家 115m² / 35坪

生活風格
家庭成員為個性豪爽的年輕夫妻，育有兩個兒子，想大膽改變格局與使用較特別的素材。

客戶需求
希望擁有半開放式廚房、放置吧檯桌與6人用餐桌，另外希望能沿用一部分的舊傢具。

設計重點
縮小玄關前廳，以達到擴大廚房空間的效果，放置6人用餐桌與吧檯桌，小孩房漆成紅色，顯現獨特風格。

利用隔間牆讓客廳成為獨立空間，壁紙使用大膽的圓形圖案，強調時尚風格。利用深咖啡色的線板（molding）、橘色、金色營造高級典雅的氣氛，客廳的隔間牆上開了ㄈ型的洞，除了讓視野不過於有壓迫感，也是另一魅力特點。

大膽改變格局，讓空間變成兩倍大

街段式住宅 block house

「我要求的不多也不少，只希望能裝潢成跟趙喜善的家一樣！」
柳昌喜夫婦，可說是我的超級粉絲，觀察我的作品已經有好長一段時間了，他們有兩個兒子，
學的是建築，對裝潢有極大的興趣，把我那經過大膽嘗試所改造出來的家稱為理想住家。

1

1 從玄關通往客廳、廚房、主臥室的走道，為了讓這段稍嫌雜亂的空間看起來更整齊劃一，把天花板加高後，裝設了整排式的照明，創造了空間感。
2 在主臥室設置了隔間牆，區隔出穿衣間與臥室，隔間入口處放了收納櫃，兼做梳妝台，往裡面走有開放式的收納系統，可在此換穿與收納衣服，床頭板也是以隔間牆的方式處理。
3 隔間牆上開了一道四方型的洞，可以讓自然光線照射進來。
4 挪出一部分玄關前廳的空間，打造寬敞的廚房，因為空間上的增加，就算在吧檯桌旁擺放一張6人用餐桌，也不會影響人員的出入動線，廚房裡匚字型吧檯巧妙地掩飾流理台與料理台，如此一來可隨時維持室內的整齊。特別設計了精巧的櫃子，同時兼具了實用與美觀。

2

3

4

1

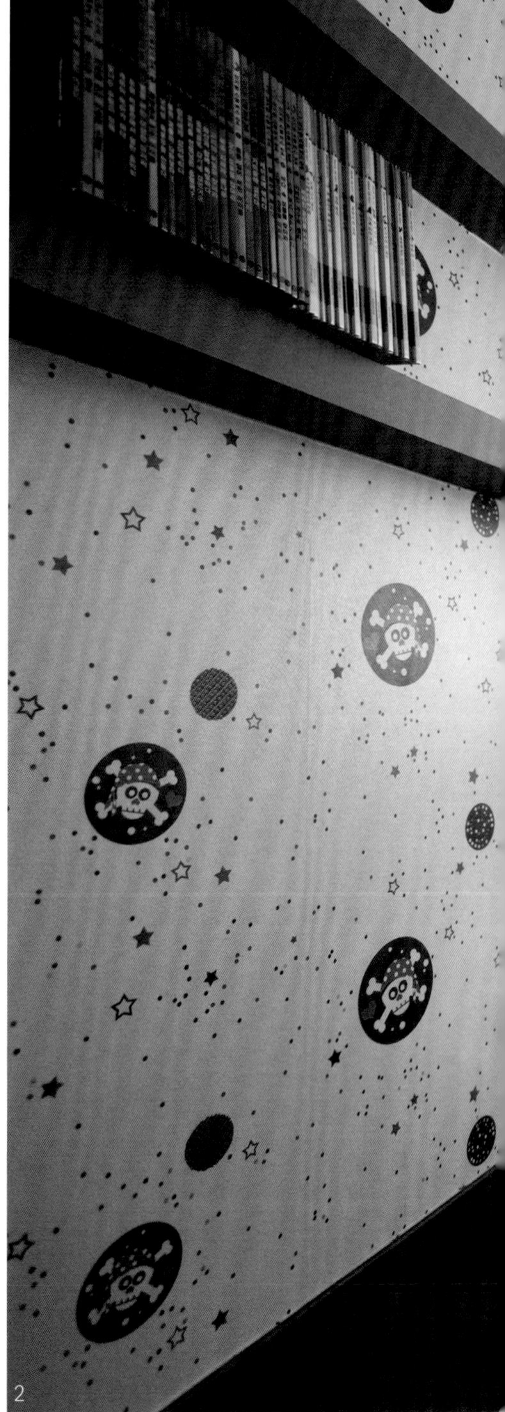

2

善用隔間牆，

除了可以變出額外的空間，也能讓狹小空間變寬敞，

還可讓原本寬敞的空間看起來更有規劃性。

1 利用隔間牆達到空間分隔的效果，隔間牆本身可多設計收納功能，提高空間上的使用效率，天花板上的照明是利用壁紙做成的，衣櫃則重新貼皮。

2 沿著陽台擴建面以L字，放置了訂做書櫃與書桌，形成了學習的空間，用來當做床頭的隔間牆是鏤空的，可讓光線進到臥室裡來。

只有桌子與原木百葉窗是新品，沙發跟書櫃是原本就有的家具，組合起來倒也成為典雅又閑靜的書房。

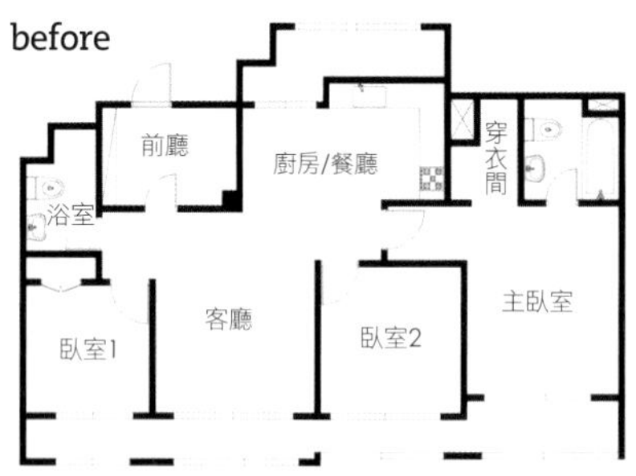

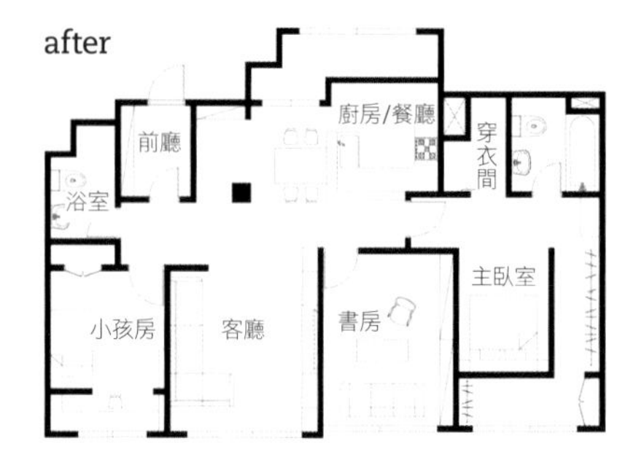

老實說，我家可以算是實現室內裝潢設計師腦子裡所有天馬行空點子的「實驗室」，像是客廳的走道設計、廚房裡的ㄈ字型吧檯桌、用書櫃與家庭劇院取代一定要有電視的客廳等。這些點子雖然從以前就想要付諸實現，但是因為沒有經過實地驗證，所以無法放心地應用在其他案件上，這次讓我跌破了眼鏡，因為我的粉絲也同意嘗試天馬行空的裝潢點子。

柳昌喜小姐搬到舊家前面的公寓裡後，對新家的心願是想要擁有寬敞的廚房與飯廳，於是我提議縮小玄關前廳的空間，把擠出來的空間挪到廚房與用餐空間上，除了裝設ㄈ字型的吧檯桌以外，還可以放下一張2公尺長，可供6個人使用的餐桌。柳小姐豪爽的個性加上專長也是建築，很快理解我的想法，立刻就點頭說OK，而且一聽說要把小孩房漆成兒子們最喜歡的紅色，搞得我自己都比屋主還要期待裝潢的完成日。

除了起頭很順遂以外，由於這次的案件是交給「裝潢by趙喜善」團隊實力最堅強的林鐘洙，所以結果也就令人越發期待，只是，越接近完工的日子，卻出人意料的感到不捨，特別是每天在現場當指揮官的林鐘洙更是心情沉重。「唉，以後再也喝不到梨子汁跟透心涼的甜米露了！」原來在施工期間，屋主每天晚上都會在冰箱裡塞滿各式的飲料跟點心，所以現場的工作人員都中了屋主的點心毒了，「眼看都已經凌晨一點了，屋內的燈卻都還沒熄滅……所以偷偷放了一些食物給工作人員充飢，不知道他們到底都幾點睡呢？我所做的跟那些工作人員比起來根本算不了什麼。」在施工期間，柳昌喜小姐默默地幫忙我們，也因此讓我們產生了更多的靈感，得以打造出比我家還要舒適的空間，說實在的，我還真有點嫉妒呢。

1 小孩房裡的隔間牆，隔間牆的厚度故意做厚，好能夠兼當書櫃用，牆壁側面挖空，可以在裡面擺放書本。

2 為了放置幾乎不會在30坪大小空間裡出現的2公尺長大型餐桌，縮小了沒有用途的前廳空間，以打造更寬敞的廚房。在廚房擴建面設計了大收納櫃，料理台上方也設計了精緻小巧的收納櫃，廚具使用的是Hanssem IK5 Pearl Black系列的產品。

3 客廳裡可擺放電視兼做收納用途的電視牆，裝上了壁架與滑軌門便大功告成，在滑軌門上貼上了壁紙，成為裝飾焦點之一。

4 主臥室裡以隔間牆隔出來的穿衣間，裝設了開放式衣架供整裡衣服使用，並確保可以自由走動的走道空間。

5 在舊鞋櫃前擺放了懸空置物架，貼心設計了長椅式的收納櫃，不僅有收納用途，還可以坐在上面穿脫鞋子，置物架下方可以擺放鞋子，讓玄關看起來更加整齊。

利用隔間牆所營造出的設計感空間

只要是來過這裡的人，都會異口同聲地問：「這裡真的只有35坪嗎？」，除了該有的空間皆一應俱全以外，看起來不會有壓迫感，難怪有這麼多人會那麼訝異了。事實上這裡的實際坪數是比一般30坪大的公寓大一點，因此玄關、前廳與主臥室才會看起來有那麼一點「荒涼」，但是空間的實用性並不高，因此這次的裝潢重點才會放在如何將空間做有效的規劃，而不是進行合併擴建。首先我把玄關前廳的一部分空間挪到飯廳，在進入客廳前的空間做了隔間把客廳獨立出來，營造了空間上的規劃感。

另外把陽台一部分的空間挪給主臥室使用，立了一道L型的隔間牆，創造了穿衣間與儲藏室的空間，凸顯了實用度，小孩房裡也做了一道可兼做書櫃的隔間牆，屋子裡也多出一處可以讓小孩玩耍的小空地。

縮小了沒用用途的前廳，打造出寬敞且收納便利的漂亮廚房。
↑
不藏私密技

充滿活力的
三人住宅
115㎡ / 35坪

生活風格
家庭成員有當牙醫師的先生與專職家庭主婦的妻子以及一個兒子，喜歡在家裡享受輕鬆的休閒時光。

客戶需求
充滿積極與活力的氣氛，為了喜歡觀賞運動頻道的先生，特別在臥室裡加裝了電視。

設計重點
將陽台一部份的空間挪給房間使用，放置了40吋的電視，房間色調使用紅色、綠色。

原色的接觸，更添增了幾分生氣

colorful energy house
色彩繽紛的元氣小屋

「因為是剛完工的新房，所以沒有需要大改造的部分！」
夫妻倆在入住之前找上門來，希望我為他們裝潢新家。
就我到現場勘查的結果，發現如果要把新家打造成他們的理想家園，
勢必要進行合併與製作隔間牆。

1 這棟住商合一的大樓設計了許多窗戶，為了將採光發揮到極致，客廳特別挑選了淡象牙色系沙發與原木桌，林世雄一家人在此享受了愉快的天倫之樂。
2 把床擺在打通陽台後多出來的空間，正對面做了可以懸掛電視的電視牆，並擺放了50吋的電視。
3 臥室擴建面的角落裝了壁架與書桌，成了迷你書房。
4 床的正對面有梳妝室，雖然一開始的格局是不容安裝大型電視的，後來多加了一道電視牆，輕鬆解決了架設電視空間的問題，電視牆上貼了花朵圖樣的壁紙，讓整體感看起來舒服輕鬆。

1 從走道看到玄關。
2 一進到室內，映入眼簾的是利用壁紙設計出來的畫作，通往客廳的走道盡頭牆壁上，用地板材構成了藝術牆，並且設置了間接照明。
3 在打通陽台的空間放置了輕薄的書桌組，是能夠看書的空間，也兼做茶室，鏤空樹葉造型的窗簾讓客廳看起來非常祥和寧靜。

4

明亮、充滿活力的生活小窩
裝潢的重點為
帶有原色強大能量的裝潢。
1

如同許多醫生最討厭聽到「我自己的身體我最清楚」這句話，身為裝潢專家的我，聽到「我自己的家我最清楚」這句話時，心裡也很不是滋味，主要也是因為在裝潢實例中，十件之中有九件都是「誤診」的緣故。即將入住新房的林世雄、安知恩夫婦也是一樣，因為是非常高級的大樓，他們之所以會委託裝潢，純粹只是為了讓新家的風格別樹一格。

「我不喜歡地板以及廚房家具的顏色，主臥室比我想像的還要狹小，恐怕無法擺放電視。」妻子安知恩小姐嘆著氣，懷疑這裡是否真的是當初在樣品屋裡所看的房子。當牙醫的丈夫林世雄先生，堅信裝潢設計師下的處方，才讓裝潢工程得以一氣呵成。這對夫婦就連窗簾也都非常積極地參與挑選，沒有比這個更激勵人了！將陽台打通，擴大了臥室的空間，並且製作了電視牆，另外還在角落做了一個迷你書房，形成了能夠處理公事與睡眠的多功能房間，夫婦倆對這樣的設計讚嘆不已，我個人倒是還未達滿足的地步，因此我向他們提議：「這個空間只供二位使用，想不想嘗試把房間漆成紅色呢？」經過我這麼提議，接下來的小孩房與客廳，也都搭上了順風車，全被漆成了鮮艷的顏色。

為了營造新鮮的氣氛，我用青綠色與紅色來裝飾玄關到客廳，小孩房的漆色依然以藍色與橘色為主，看起來真是朝氣蓬勃。至於讓屋主失望的櫻桃木廚具，我把門改成黑色&白色，營造了非常時尚的感覺，透過顏色的強弱，讓廚房變得非常有FU，現在這對夫妻住在堪稱完美的房子裡，新房子正好可以為他們結婚的第5週年做心情上的轉換。

before

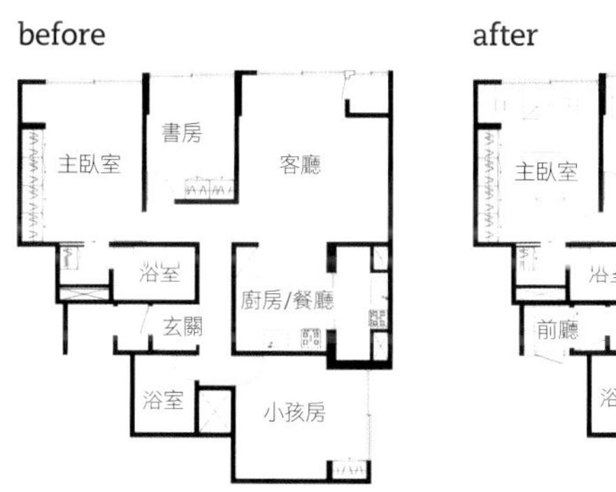

after

2

3

1 保留原有的流理台設計，只更換了櫥櫃門，牆壁貼上黑色鏡面馬賽克，完成了別具一格的廚房。訂做了專屬的吧檯桌，可以當餐桌用。
2 小孩房內的隔間牆背面設計了壁架，提高空間的活用度。
3 訂製了各種顏色的懸空架，收納本身也成了空間的裝飾，把隔間牆修成了圓弧狀，看起來才不會太沉悶，營造了溫柔的氣氛。
4 隔間牆區隔了遊戲與睡眠，等小孩較大時，還可在牆壁後擺放書桌，隔間牆前面的空間已事先計算好，將來可以擺放床架，另外也有輔助照明與開關，上面的圓洞可讓自然光透射進來。

4

超有質感的潮住家
109㎡ / 33坪

生活風格

丈夫主要在家工作，妻子則是非常喜歡做菜的專職家庭主婦，這對新婚夫婦對時尚和裝潢非常有興趣。

客戶需求

雖然是新建的房子，總覺得格局仍有進步的空間，希望打造出實用與美觀兼具的住家，另外，丈夫希望有一間辦公室。

設計重點

間接照明設計讓屋內充滿了異國情調，利用五彩繽紛的藝術牆與隔間牆，完成了獨特的格局。

地板與牆壁貼上石材磁磚，凸顯了都會感，裝設電視的藝術牆沿伸到天花板，形成了L的形狀，讓空間看起來更加寬敞，不使用主要照明燈，改裝設線型間接照明也是一項特點，藝術牆上也裝設了間接照明，每一排的間接照明都能個別做開關。

呼吸時尚的地方

new texture play 超感覺空間

「與其到外面的咖啡店，待在自個兒家更棒！」
這句話對一位裝潢設計師而言，是極高的讚賞。遇上了對時尚非常敏感的新婚夫妻，
我受到邀請，來到這間設計非常前衛的住宅。

飯廳的牆壁以青銅鏡面馬賽克做裝飾，立了一道隔間牆形成了獨立空間，擺設了鐵製長椅與吊燈，以及略帶腐蝕感的牆面，被打扮成一間時尚的咖啡店。

1 利用隔間牆把廚房與飯廳區隔開來。
2 在飯廳與客廳走道的中間，裝設了帶金屬感、閃閃發亮的布簾，看起來既不會過於沉悶，又添增了一分華麗感。

「地磚地板也許很漂亮，可是對小孩子來說多少會有些危險，所以還是選擇木質地板吧。」就我這個養育過小孩的母親立場來說，向一對即將有小孩的夫妻建議鋪設地磚，是一件對不起良心的事，但是這對前衛的夫妻回答我：「沒關係，以後如果有小孩，再鋪地毯就好了。」

盧英鎬、尹美英這對夫妻，時尚感異於常人的敏銳，活像是從時尚雜誌裡蹦出來的一樣。他們從一開始就強烈表態，一定要打造出自己心目中的家，希望能以坊間裝飾商業空間的素材拿到家裡使用，所以客廳的地板與牆壁才會鋪設石材磁磚，牆壁延伸到天花板的藝術電視牆以豹紋壁紙裝飾，營造了狂野的氣氛，廚房裡額外立了一道貼滿鏡面馬賽克磁磚的隔間牆，獨立出用餐的空間，飯廳的牆壁上則以仿鐵鏽感的壁紙做裝飾。丈夫的工作室裡以壁桌與壁架做成了工作檯，以紅色與黑色裝飾，看上去更有工作室的FU。看過他們以獨特的質感與狂野感所打造出來的時尚新房的人，大致上反應可分成兩種，一種是邊驚呼好漂亮，不吝於讚美的「讚嘆」派，另一種則是心裡頭有些嫉妒，連一句稱讚的話也不肯給的「悶燒」派，不管是那一派，說穿了都是羨慕住在這間屋子裡的主人，覺得住在裡面的人一定非常幸福。

before

after

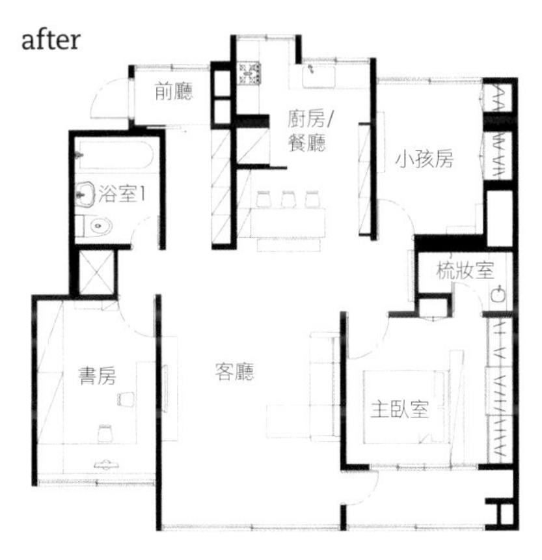

1、4 在床與壁櫥的中間做了一道有隔間效果的隔間牆，隔間牆正面可當床頭板，背面則設計成可做收納功能的櫃子，隔間牆正面開了一個孔洞供照明用，看起來既不會過於沉悶，也可以放一些裝飾品。

2、3 主臥室裡的浴室，把原來的門拆掉，裝上可當穿衣鏡的滑軌門。

1 工作室的一邊做了壁櫥，可以放置衣物，使用原木素材，維持工作室的Fu是一項特點。

2 看起來沉甸甸的鐵製防火門上，貼上了木紋壁貼，盡可能看起來不會太礙眼。

3 玄關的前廳也跟客廳一樣，貼上了有鐵鏽感的磁磚以及仿金屬質感的壁紙，正面的藝術牆延伸到天花板，並且裝設了間接照明。

4 客廳落地窗設計感一流的窗簾搭配了遮光幕，是同時兼具美觀與實用的絕妙組合。

5 以紅色系為主打造出來的工作室，一字形的壁架讓空間看起來不單調，還添增了一份造型美，讓人印象深刻。

6 非常吸引人目光的電視藝術牆，設置了間接照明，每一排燈可獨立開關，藝術牆表面以壁紙做了裝飾，日後也可以換上其他款式的壁紙。

大膽的用色及創新的素材，打造了兼具美觀與實用的完美住宅。

↑

不藏私密技

拋開成見就能提升實用性

如果只是盲目追求時下流行，很快就會感到厭煩。隨著時間的流逝，空間會落得俗不可耐。只要放下這樣的成見，一定能夠創造出非常實用的居家，以這間房子為例，雖然選用了許多獨特的素材，但都是經過精挑細選，有其使用之道，堅固又耐用，日後幾乎可以不必再進行其他裝修或改造，像是略帶金屬鏽感的磁磚與壁紙，隨著時間的流逝，就算變髒了、顏色褪色了，看起來反而更加自然，由於整體設計感偏中性，非常好搭配家具與裝飾品，愛怎麼搭就怎麼搭，玄關與客廳上的藝術牆，除了具基本的裝飾效果以外，額外加裝了間接照明，更提高了實用度，可隨著季節與流行趨勢，做出不同的變化。

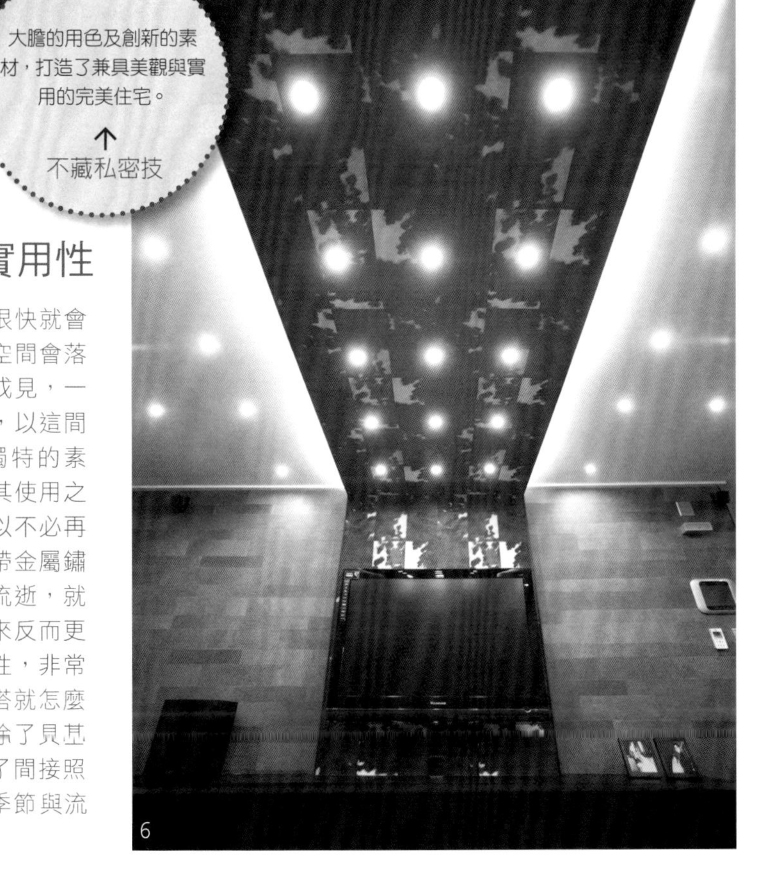

實用耐看的
四人住宅
109m² / 33坪

生活風格	客戶需求	設計重點
為雙薪家庭，由爸媽以及一對姐妹組成的四口之家，姊妹倆喜歡漂亮的空間，一家子喜歡一起活動的感覺。	希望住再久也不會感到厭煩，特別需求為一間可供全家人一起看書的多功能交誼廳。	設計一個可做餐桌用，又可拿來當子女學習課業書桌的吧檯桌。

量身打造的客製化住家
同中求異 same as a difference

同時改造格局與坪數相當的兩戶住家時，有許多人會認為這兩戶住宅應該會被裝潢成一樣，其實並不然，隨著屋主生活方式的不同，裝潢起來的效果是絕對無法相同的，現在就來比較分別位於同一棟大樓的7樓與19樓的雙薪家庭的改造計畫，「同時但不同調」的裝潢實例。

1 按照屋主的需求，擺放6人用餐桌的飯廳&餐廳，將擴張出來的空間打造成廚房，餐桌朝客廳方向擺放，訂製L型的吧檯桌，除了具有收納的功用，還巧妙的把瓦斯管線遮住。

2 拿掉廚房上櫥櫃，設計一個12呎寬的大廚櫃，白色鏡面有放大空間的效果。

VS

舒適祥和的
三人空間
109m² / 33坪

生活風格	客戶需求	設計重點
先生是公司職員，妻子為輪三班的護士，有個念小學的兒子，母親的上班時間比較不固定。	希望打造祥和、舒適的氣氛，為了讓家裡看起來整齊乾淨，要求要有足夠的收納空間與半開放式的廚房。	使用淺色系營造舒適的氣氛，在客廳增建面設計折疊式的桌子，提高空間的靈活度。

廚房｜跟小孩進行互動的工作檯 vs 陪小孩念書的書房

住在1904號，有雙薪夫妻典型煩惱的徐智英小姐，希望在屋內的每個角落隨時隨地指導兩個女兒功課，跟女兒們進行溝通對話。為因應這樣的需求，於是在飯廳設計了L型吧檯桌，除了用餐，也可以拿來當成書桌使用。相反的，住在704號的崔真喜小姐，則希望可以在做家事的時候，邊跟兒子聊天，因此希望能有半開放式的廚房，因此在原本飯廳的空間裡，設計了有吧檯桌的半開放式廚房，在廚房空間裡放了一張6人用的餐桌，多虧了這間半開放式的廚房，媽媽在廚房做家事時，可以自由地跟在客廳玩耍的兒子聊天，可以一邊洗碗一邊看電視，甚至可以就地「監視」兒子的一舉一動，可謂一舉數得。

1 半開放廚房前方設計了輕薄的黑色壁櫥。

2 由於當護士的屋主上班時間較為特殊，特地在走廊擺放了梳妝台，浴室與小孩房之間的牆壁上裝了鏡子收納櫃，裡頭可以擺放化妝品，由於有間接照明，不管是裝飾性還是實用性皆獲得了大大的滿足。

3 按照屋主的需求，在半開放式的廚房擺放了標準尺寸的泡菜冰箱、洗碗機以及4人用的餐桌， 廚房正面對著客廳，設計了比流理台高20公分左右的吧檯桌，此吧檯桌亦有隔板的效果，可巧妙擋住流理台。

客廳的地板保持原樣，電視牆的兩側跟下方都設計成收納櫃，打通陽台多出來的空間擺放了一字型書桌，營造出可跟小孩子一起念書學習的氣氛。

客廳｜具實用性的藝術牆vs隔間型藝術牆

擁有三房的33坪住宅，扣掉夫妻倆的臥室、兩個女兒的臥室以及全家人共同使用的書房，剩餘的空間才可做收納或是其他的空間。四口之家的1904號，將客廳打造成可做收納用途的空間，設計了U字型的電視背景牆，然後做橫擺，兩邊分別擺上了像柱子一樣的大櫃子。櫃子的深度頗深，可拿來放置平時打掃用具，另外在打通陽台所多出來的空間擺放了可指導小孩功課的書桌，這麼一來職業媽媽的愛就能稱得上非常完美！

不過住在704號的崔真喜小姐，如果想把格局弄得跟1904號一樣，那麼她的私人空間恐怕會不夠用。由於她只有一個小孩，所以小孩的學習空間是足夠的，不過她需要一個自己的

1 從很久以前就打算要整修房子的704號夫婦，為了迎合喜歡摩登線條的丈夫，設計了直線條的藝術牆。電視牆旁邊，打通陽台後多出來的空間，設計了具收納功能的裝飾牆，裡頭藏了妻子的串珠工作臺。
2 只要把藝術牆下方的櫃子拉出來，就是一個「讓人驚喜」的工作室。

迷你工作室，崔小姐的正職工作雖然是護士，但是對串珠手工藝有極大的興趣，幾乎可以拿到串珠工藝的教師執照了。因此她個人非常希望能有一間工作室，我們提出來的解決方案是在客廳的牆面上加裝一個折疊式工作台，只要她心血來潮，打開桌子就可以馬上使用，平常不使用的時候是藝術牆，使用的時候變身為工作台的雙重機能，乍看之下，還跟平時是護士，偶爾變身為串珠達人的崔真喜小姐有點像呢。

1 色彩鮮艷的書櫃門，迎合了小朋友活潑的氣氛，也是全家可共同使用的書房。
2 為了想要「公主房」的小女孩們所打造的臥室，設計了雙層床，床上頭天花板貼上不同的壁紙，創造了不同的空間感。房間布置得漂漂亮亮的，壁櫥的門上貼了五彩繽紛的壁紙。

書房&小孩房｜全家一起使用的書房vs獨立書房

不論坪數大小，多準備一間書房是最近的趨勢。1904號的家中，有一對相差三歲的小姐妹，因此打造了一間可供全家人一起使用的書房，剩下的最後一間房間則布置成孩子們的臥室。小孩的臥室單純是睡覺用的，念書做功課的地方主要以書房為主，只要展開大人的書桌，立刻可變身為孩子們的書桌，靠牆面書櫃上的小門顏色，可以選用孩子們喜歡的顏色，可以擺放小姐妹倆各自的文具與書籍，白天的時候當小孩的書房使用，傍晚的時候，爸爸媽媽也可以在這裡教小孩子們功課。

1 小孩房中的家具全部都是量身打造的，是一個可以睡覺、念書、遊戲的空間。
2 連轉角空間都能活用得當的書桌，長條型的書桌設計讓房間看起來不會太沉悶，收納櫃上以雲狀壁紙做裝飾，打造了時尚、都會氣息書房。

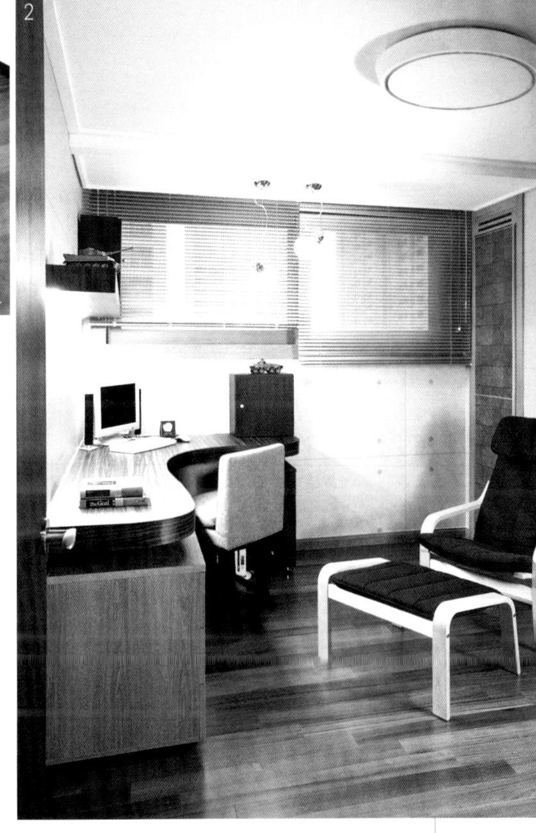

另一方面，704號崔真喜小姐的家裡，小孩房是睡覺與念書的空間，屋主希望將書房打造成大人專屬的空間。小孩房裡的書桌與書櫃是一體成形的，書櫃巧妙的將床與書桌區隔開來，由於這些精心設計，就不需要另外打造一間小孩專屬的書房了。把房子裡最小的房間拿來當成書房使用，為了節省角落的空間，設計了圓弧形的書櫃，讓空間看起來不至於沉悶，完成了足以容納一張安樂椅的流線型書房。

after

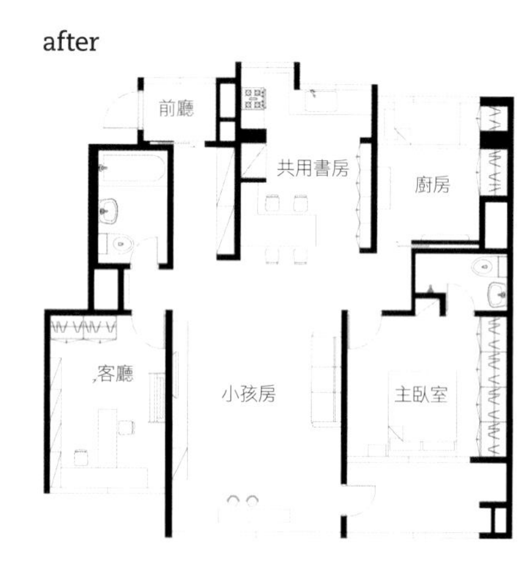

1 玄關外建商多給的空間，右邊的中門原本是玄關門。前方是一片可開啟的藝術牆，完美的將電錶藏在裡面。
2 屋主結婚已經邁入第8年了，臥室裡仍使用當初新婚時購買的家具，只有把門改成滑軌門，更方便主人進出。
3 從中門進入客廳的走道，牆壁的一邊設計了大收納櫃，另一邊則掛了許多相框，很有展覽館的感覺。

臥室｜訂製的家具vs普通家具

1904號的徐智英小姐希望能沿用新婚時所購買的床、梳妝台與壁櫥。除了主人完善的保存以外，白色系的家具真是讓人捨不得丟棄，如果要把這些家具通通塞到房間內，缺點是會影響房門的開啟，所以我把房門改成滑軌門，盡可能讓這個空間更舒適。另一方面，704號的崔真喜小姐，則是打從計畫要重新裝潢房子的那一刻起，就已經決定要另外訂製家具了，所以我們立了一道牆，隔了一間穿衣間，還把牆的一頭當成床頭使用。朝穿衣間的這一面設計了開放式的收納櫃，當然另一頭就順理成章成了床頭板。透過非常簡單明瞭的格局，完成了實用度很高的臥室，這樣的成果真是大快人心呢！

after

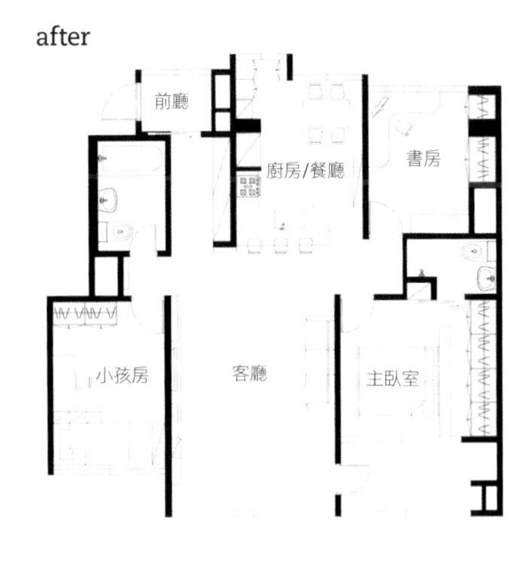

1 臥室隔間牆的背面設計成開放式的收納櫃，對面的牆面設計了壁櫥，自然形成了穿衣間的空間。
2 以隔間做床頭板的床，床底下設計了收納抽屜，將收納發揮得淋漓盡致。
3 進入玄關後，前方是一道藝術牆，以馬賽克磁磚裝飾的這道牆背後，藏了住家的電表。

玄關與走道｜非常完美的障眼法

若提到最近新成屋的共通點，就是進入玄關的一小片換鞋區，這間房的玄關外也有一小片換鞋區，屋主的目標是想把這一小片區域改到屋內，並且盡可能加以拓寬，好轉成可做更多用途的空間。而原本是玄關的空間則鋪上地板，如此一來便可以拓寬室內的面積。在原來的玄關門位置加裝通往室內的中門，也就是說把玄關門移到換鞋區的起始處，一改成這樣，發現有一個地方有點可惜，那就是只要人一進到玄關，就會看到原本裝在住家外面的電錶，既然電錶已經變成在室內了，怎麼樣也要想個辦法「漂亮地」把電錶隱藏起來，後來便設計了一道滑軌門。1904號住戶設置了裝飾線板，704號住戶則設計了類似貼有磁磚效果的滑軌門來解決此問題。

「如果說40幾歲是人的一生中煩惱最多的時期，40坪的房子也是處於相同命運的，表面上光看坪數雖然屬於大坪數，但事實上頂多只能稱其為中小型的坪數，因此必須以更慎重的態度去面對40坪的裝潢改造。」

實用的時尚
stylish practical

依照我過去處理過的40坪住宅，可以用「半調子」來形容。雖然表面上是屬於大坪數住宅，事實上內含了許多無意義的空間，實在不能說寬敞；雖說如此，倒也不是個需要每個角落都要經過精密計算，收納空間才不會不夠用的程度，裝潢這種住宅的關鍵，就是必須「絞盡腦汁」，想盡一切辦法漂亮地把死角救活起來。所以在設計40坪大的住宅時，「量身訂做」是最重要也是最切實的方法。

收納也是空間的一部分，需設計得體搭配自然，像餐桌、書桌等，如果購買市售的成品，室內空間就會看起來窄小，因此最理想的是以「黃金比例」原則設計出能夠跟空間一起呼吸的家具，如同相差個1公釐就能判斷出真品與贗品一樣，改造40坪住宅的時候，些微的差距，就能決定裝潢成果的成敗。

在飯廳與客廳之間立了一道有隔間效果的隔間牆，並且把電視架設在隔間牆上，隔間牆有自然達到空間隔間的效果，而且也不會有壓迫感，由於多出許多空間，小孩們更能自由自在地嬉戲遊玩。

國際時尚感的四人住家
145m² / 44坪

生活風格
夫妻倆育有一個正在念幼稚園的女兒與小三歲的兒子，因工作因素在香港待了4年，回韓國後有點不適應老舊的公寓格局。

客戶需求
希望空間能有較為立體的呈現，想使用較特別的建材，營造出只屬於這個家的氛圍。

設計重點
利用隔間牆創造客廳與臥室的機能性，使用高級建材讓主人從國外帶回來的家具更具特色。

從香港獲得的品味 都會時尚
cosmopolitan contemporary

這對夫婦在國外生活了好一陣子，最近才初回國門，
對於已經習慣國外樓房格局的夫妻倆，
首爾的住家格局，就像一張枯燥乏味的圖畫紙，總覺得該在上面畫些東西。

世界的設計熔爐，香港。

在那個地方，經過長久的摸索，終於整理出眉目，

成功打造出充滿魅力的世界級時尚居家。

1

2

1 廚房改為半開放式，流理台正對面設計了吧檯桌，擺放了一張6人用餐桌，與吧檯桌形成T字型，如此一來可提高空間上的活用度。飯廳一邊的牆壁上設計了寬度窄、高度高的大櫃子，形成的偌大的收納空間，廚具使用的是Hanssem NeoEuro Retro黑色系列產品。

2 電視的正對面，打通陽台多出來的空間上擺放了沙發，讓客廳看起來多采多姿，由於電視與沙發之間的距離很充裕，觀賞大型電視也不會有絲毫壓迫感；隔間柱背面貼上了有鏡面效果的磁磚，去除了柱子常有的沉悶感，反而增添了現代感，地板採用Dongwha Nature Flooring品牌的Floren Raum Maplc系列產品。

3 在香港購買的青銅鏡，呈現民族風的效果非常顯著。

1 臥室裡設隔間牆，再裝上滑軌門，便完成了穿衣間。

2 位於臥室裡的浴室，地板與牆壁全貼上了仿金屬質感的磁磚與地磚，呈現了華麗與時尚的氣氛，衛浴設備使用的是American Standard品牌的產品。

3 穿衣間以外的臥室只放置了電視與床墊，打造了很單純的休息空間，臥室的另一個特點，是牆壁上帶紫色的雲狀圖案壁紙。

4 小孩子們的遊戲房兼家庭交誼廳，設計了兼具裝飾性質的壁架與收納櫃，可將玩具整齊收納；由於收納櫃也可以擺放書本，小孩子長大後就能當成學習空間使用。
5 遊戲房兼起居室的空間，是小孩們的秘密基地。
6 尊重女兒想要「公主房」的意見，主要以粉紅色與咖啡色來裝飾房間。可做收納櫃與梳妝台雙用途的壁架是量身訂做的，雙層床架並非兒童床，小朋友長大了也還可以用。

某天，突然接到了一通電話。「妳好，這是從香港打的電話，我想委託妳幫我整修我家。」話筒那端傳來溫柔的聲音：「我最近會回首爾，房子已經交屋了，我會從香港帶一些家具跟裝飾品回去，妳應該可以幫我把房子變得有個性吧？」由於我正好要去香港一趟，所以不久之後我便跟案主見上面了。尹智賢小姐因為丈夫工作因素被派駐到香港，在那待了有4年之久，如果加上出國念書的那段時間，尹小姐長久以來都待在國外，因此有許多機會接觸非常多樣的設計風格，在香港展開婚後生活的她，也在那裡找到自己喜歡的居家風格，那樣的風格該稱之為「香港現代時尚」嗎？提到香港的風格，很容易讓人聯想起像蝴蝶櫃這樣的東方風格，其實香港境內人種多樣，是個種族大熔爐，因此固有的東方文化與世界設計潮流是共存的，在這樣的影響下，所謂的香港風格，就是指融合了世界各國的設計造就的時尚風格。

1 對著窗戶，強調幽靜的氣氛；在書桌旁，也就是原來陽台的角落擺放了大型書櫃，牆壁上設計了懸空書架，流線簡單的書桌是在香港買的，讓狹小的書房看起來不會太沉悶，更營造了雅緻感。
2 強調實用性的基本款白色陶瓷浴室，浴缸和牆面鋪設了黑色磁磚，看起來非常俐落，衛浴設備使用的是American Standard品牌的產品。
3 我跟屋主尹智賢小姐在飯廳談天說地的情景。

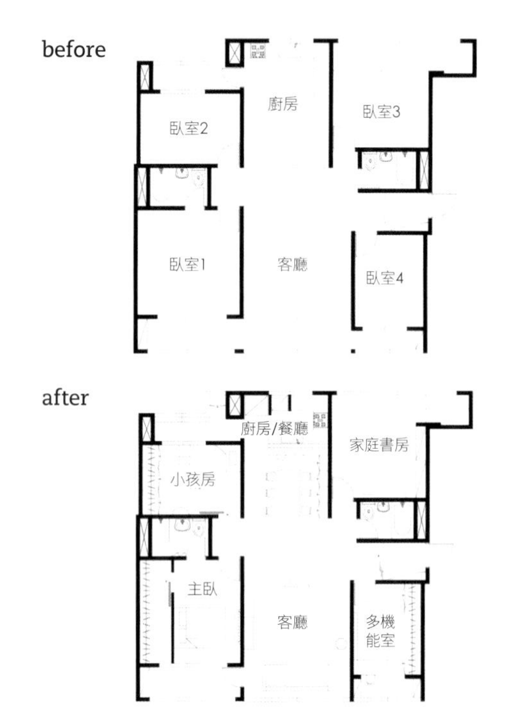

我先跟她在香港一起選購她指定的家具和裝飾品，我們利用兩天的時間去逛香港主要的家飾店，一面看著尹智賢小姐挑選的家具與裝飾品，一面構思將來房子的裝潢風格。幸好在過程中就已經設計完成了，才能以輕盈的腳步踏上返回首爾的路程。

典雅的灰色系收納櫃，湯姆・狄克遜（Tom Dixon）所設計的時尚桌子，完美呈現比例之美的書桌與民族風鏡子……尹智賢小姐選擇的家具與裝飾品是各國設計師的作品，雖然是出自不同國家的設計，但經由同一個人揀選出來，竟也有一種整體感。為了讓它們有精彩的演出，於是我極力強調「餘白之美」，以淡淡的象牙色系壁紙與帶有木頭紋路的地板呈現平靜的客廳與廚房，黑色的照明與收納櫃是重頭戲，呈現出富有異國情調的餘白之美；藉助隔間牆的力量，創造了充滿活力的格局與實用的空間，在客廳與飯廳之間做了一道電視柱，巧妙地分隔了空間，按照慣例在臥室另外隔出了穿衣間。

「臥室做較大膽的布置如何呢？以紫色雲狀圖樣的壁紙營造出華麗的氣氛，利用壁架把電視裝在牆面上，把飯店布置的那一套原封不動引進房間裡。」對於這對以開放的心胸待人的夫妻，我爽快地答應了他們的提案；答應會給孩子們一間「非常美麗」的房間，打造了一間有雙層床架、像瑪芬蛋糕一樣五彩繽紛又散發著甜美氛圍的房間，以及可以盡情玩玩具的遊戲房。簡單明瞭且多樣化設計的裝潢，證明了原來千篇一律的房子也能變得極有個性。

1 唯一特地從香港帶回來的裝飾櫃，擺放在書桌的正對面，傳遞了饒富東方情調的慵懶感。

2 空間越是狹小，就越得要布置的華麗些，才能營造寬敞、俐落的感覺。玄關的牆面上貼上了閃閃發亮的仿金屬質感磁磚，鞋櫃的門上更是做了鏡子的設計，鞋櫃的正下方故意留了空間並且裝設了間接照明，讓整個空間感都活了過來。

3 為了掩飾廚房牆面上的電箱，利用黑色的壁紙，讓電箱看起來就像一個「作品」。

4 打造穿衣間的隔間牆壁，再利用成了床頭板，隔間牆上裝設了輔助照明燈，方便就寢時能輕易的關掉電燈。

5 在香港購買的時尚灰色視聽收納櫃與非常有異國情調的裝飾品。

6 女兒房間內以威尼斯鏡與半圓形造型壁架打造了梳妝台，強調可愛的感覺。

倒著進行的絕妙設計

設計裝潢雖然沒有一定的順序，但這次的確是非常特殊的案件，因為是先決定家具與裝飾品，再進行搭配設計的。雖然是才剛粉墨登場的新家，整體感卻相當和諧自然，彷彿早已在此居住多年似的，如果希望以家具與裝飾品的搭配來呈現居家風格，就必須先參觀無數裝潢產品，進而掌握自己喜歡的風格才行。

培養出「一貫的喜好與標準」後，擺放額外添購的家具與裝飾品時，除了不會產生不協調，還能創造出只屬於自己的新氛圍，只有一點要切記，那就是空間的大小，須考量空間與家具的大小、體積的相關性，這樣才能達到完美的調和。

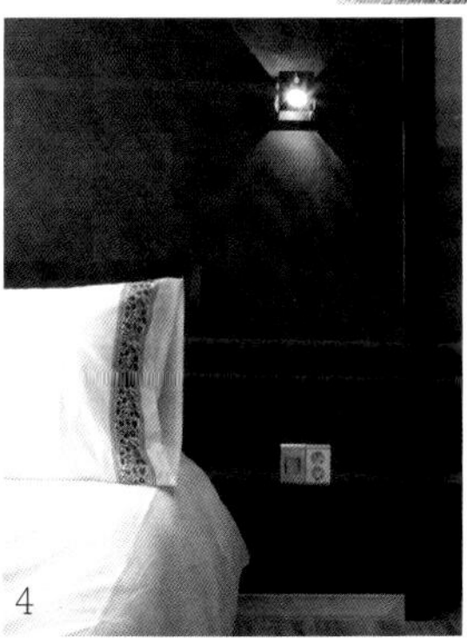

有質感的
俐落空間
152㎡ / 46坪

生活風格
30來歲的時尚雙薪夫妻、正在上幼稚園的兒子以及即將出世的老么組成的四口之家。

客戶需求
強調有個性、俐落的氣氛，因為是葡萄酒愛好者，希望能有品酒用的吧檯桌；收納很重要，希望有孩子專屬的遊戲空間。

設計重點
利用鏡子與仿金屬素材營造俐落的氣氛，重新改造小孩房與主臥，並且在廚房設置了吧檯桌與大型餐桌。

區劃出理想的空間，營造出想要的風格

stylish mirror play
鏡子的時尚魔法

以黑色、白色、閃閃發亮的鏡子為居家打扮，很多人或許會誤以為這裡是只有夫妻兩人所居住的別致空間
如果把即將出世的小孩也算在內，這兒可是還有兩個小頑皮呢，
邁向「漂亮居家」的路線，在堅定的信念之下所誕生的時尚住家。

合併一部分的陽台空間後變更寬敞的客廳，擺放了L型沙發，強調了閒情逸致，在客廳與廚房之間裝設了一大片菱形鏡，除了有放大空間的效果，看起來也更乾淨俐落。

1

1 以黑色&白色構成時尚與古典的飯廳，形成絕妙調和，把廚房移到擴建處，打造出可容納6人用餐桌的飯廳。
2 流理台與瓦斯爐改裝在廚房擴建牆面，在原來的廚房位置設計了品嚐葡萄酒時才用到的吧檯桌，也具備了隔間功能。
3 為了掩蓋廚房牆面上的電箱跟終端箱，整片牆上設計了梯形線條與收納盒，形成牆面分割的裝飾效果，照片上可看到的四方型盒子其實就是電箱。
4 為了讓位於走道盡頭的夫妻臥室與盥洗室成為一體的空間，特別安裝了隱藏門，也因此才能活用走道盡頭的牆面，額外做出小型梳妝室。

1 應用飯店式套房設計的臥室；兩間小孩房相連，對打通後的空間重新做了配置，利用隔間牆將臥室與視聽室區隔開來，隔間牆上設計了小窗戶，緩和了沉悶感。
2 原來的陽台空間裡擺放了有收納功能的長椅，打造了放鬆休憩的空間。
3 黑色的收納櫃給人時尚的印象。
4 依照不同的領域貼上不同型態磁磚的浴室空間看起來更有變化。
5 小孩房裡的覆膜收納櫃。
6 陽台下方的承重牆因為無法拆除，因此在牆與房間之間設計了一道階梯，巧妙組成另外的遊戲空間。

從事時裝設計的太太與事業家丈夫。「我們不要陳舊的素材，希望同一種素材不要使用超過兩次，還需要一個品嚐葡萄酒的吧檯。」屋主連門的把手都要經過嚴格的審視，老實說，跟這個嚴格的客戶配合是有些負擔，但確實是一股刺激我們打造出更加與眾不同房屋格局的動力。首先，對於空間上的排列需要做一些腦力激盪，後來將主臥變成了小孩房，兩間小孩房則打通變成了主臥，拆除兩間房間的隔間牆，打通成一間大房間，利用隔間牆把睡覺的地方、穿衣間、視聽室區隔開來，讓這對夫妻能夠擁有各自的獨立空間；將寬敞的小孩房打造成多功能的空間，有臥室、穿衣間、書房與遊戲房，幸好客廳與廚房可以依「大人的喜好」盡情揮灑，從客廳望去可看到的飯廳牆面，我們用高雅的菱形鏡做裝飾，除了可以美化空間也有放大格局的效果；廚房裡擺放了貼有黑色鏡面磁磚的葡萄酒吧檯桌，主人甚至可以在這裡舉行party。

大腹便便的女主人三不五時就來施工現場，非常關心裝潢的進度與過程，這間房子之所以能夠徹底改頭換面，是因為受到主人的熱情所致，現在女主人肚裡的小孩應該出世了，一想到那位未曾謀面的小孩子可以在那麼漂亮的房子裡踏出人生的第一個步伐，心裡就覺得很高興。

before

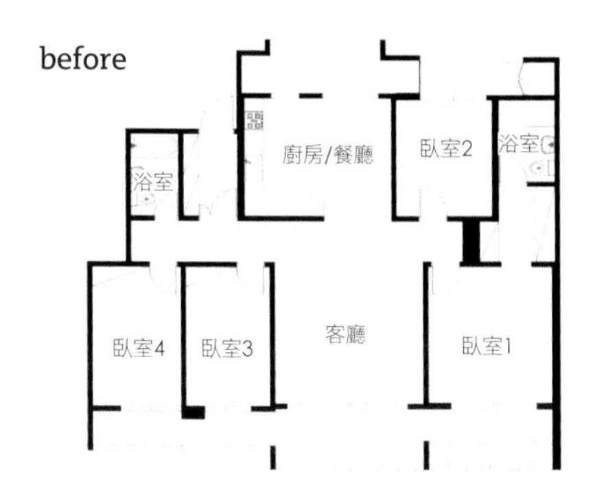

after

＊泡菜冰箱為韓國獨有，專門保存泡菜用的冰箱，可設定不同的發酵時間。

5

6

沉靜溫馨的四口家庭 38m² / 41坪	生活風格	客戶需求	設計重點
	家庭成員為一對40幾歲的夫婦與正在念國中的女兒，還有一個才滿周歲的小兒子，非常和睦的一家四口。	對於較無重點規劃的原有格局，希望能改成更有效率的空間，希望氣氛是比較溫暖與溫馨。	以明亮的色調以及時髦的建材來強調時尚，省略裝飾性的素材，追求端莊、高雅的感覺。

寧靜新鮮的抒情空間

中性的時尚 modern neutral

腦中一想起這間房子，心就會變得安詳與寧靜。家給人的印象竟然可以這麼感性！
親子關係非常良好的母女與小兒子，以及慈祥的爸爸，
這間甜蜜的家，就是最能代表這個家族的自畫像。

1 將房間的一部分空間挪給客廳使用，擴建的位置做成家庭共用的書房，沙發後方設計了書櫃與書桌，布置成名符其實的書房空間，整個空間以懷舊色系布置，添增了溫柔與溫馨的感覺，橘色系的家具呈現出新鮮感。

2 為了讓床頭背向窗戶，按照床的寬度製作了同寬的隔間牆，讓床更有安全感；隔間牆一直向上延伸到天花板，刻意強調了空間感，額外裝設的間接照明富有裝飾效果，壁櫥的門板上以手繪圖案的壁紙裝飾，構成了一幅畫。

2

1 以沙發當界線，將家庭書房與客廳空間區隔了開來。
2 書櫃內有電腦收納系統，如此一來可以讓空間乾淨整齊。
3 客廳的窗簾改用可遮擋陽光並保留隱私的百葉窗，讓客廳看起來清新時尚。
4 牆壁兩邊各有大型的收納櫃，另外訂製了長桌，打造了有一張6人用餐桌的飯廳。
5 大型收納櫃故意設計成不一樣的深度，視覺上看起來比較不沉悶。
6 廚房內使用了像高光澤度的材料與人造大理石，為了讓空間看起來更舒適，擺放了木製餐桌與椅子以達到空間上的調和。牆面上橫條紋的裝飾巧妙地掩飾了電箱，稱得上是有內涵的裝飾品。

4

5

6

格外炎熱的夏天，這一家人來到了我的工作室，他們仔細地向我說明想要的風格，並且拿出蒐集來的剪貼簿要給我看。上國中的女兒在筆記本上貼了許多圖片，圖片旁邊像寫日記般，密密麻麻附了許多說明，有哪個設計師擁有這樣的熱情呢？這家人剛買了新房，眼見入住的時間就快到了，一家人共同思考怎麼讓新家的格局更有效率，以及該如何布置各自的小天地。

「基本的拓寬都已經完成了，希望盡可能不要動到硬體的部分，可以就現有的格局來裝潢。」身為一個精明的家庭主婦，聽到客戶的這句話，激起了我內心的「共鳴」，這次的裝潢，就在彼此的信賴與意見交流當中，順利完成了。

1

母親跟女兒利用閒暇所收集來的剪貼簿，
裡頭包含了對家的幻想與一家人的夢想，
世界上獨一無二的小窩，
就這麼完成了。

1 在合併面與房間之間，做了一片佔最小空間的造型隔間牆，讓小孩房的布置更加有特色，合併的空間足夠將來再放置一張書桌或是床，就算小主人將來上學，這裡的收納空間與耐用性也絕對足夠。

2 通往室外機房的防火門前做了一道滑軌式的烤漆玻璃門，這片門還可以當成塗鴉板使用。

3、4 書桌與梳妝台延著牆面做L字的相連，大大提高了空間效率。兼做床頭的隔間牆背後是一個可做收納的書櫃。書桌與書櫃使用的是Donghwa Eco Board品牌的環保建材。

從玄關看上去的走道盡頭，利用金屬感的壁紙所打造的牆面，看起來既時髦又富有現代感，搭配了銀色系的時尚中國風小桌子。

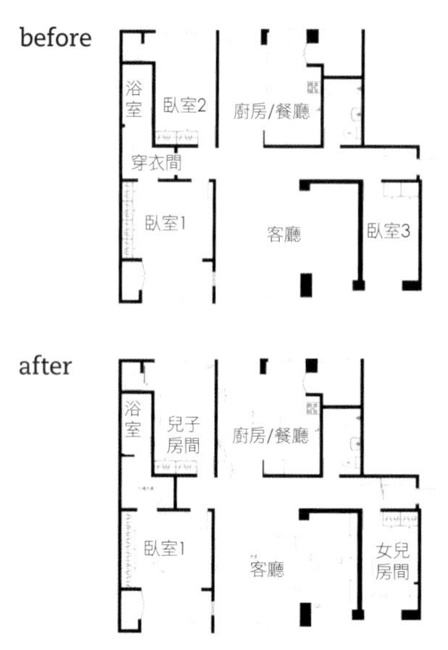

許多人一想到整修這兩個字，腦海裡就會浮現出破壞、拆除的畫面，其實並不是這樣的，由於屋主當初在購買房子時，已經事先依照本身的生活方式選好適合需要的格局，所以在進行裝潢時，並沒有特別需要變更的地方，還有一點比較幸運的是，裝潢材的顏色並非敏感的流行元素，因此能夠直接運用，只要專心在凸顯各空間的機能與家具這一塊，應該能夠舒適安穩住個10年以上。事實上這間房子非常安靜，溫暖的色調，打造了非常祥和寧靜的氛圍，依照各個空間的需要訂製了專屬的家具，讓人更加感到安樂。

為了搭配鋪上淡象牙色大理石的客廳，廚房跟走道也貼上了相同色系的壁紙，大型收納櫃與沙發也不例外；先將屋內的基本底色調好後，為了讓沉澱的氣氛更上一層樓，我們加了其他的重點色，讓一股輕快涼爽的「風」吹進屋裡。舉個所謂重點色的例子，像是擺在客廳的家庭書房裡的橘色書桌與椅子，還有主臥室裡以綠色壁紙裝飾的滑軌門等，跳脫了裝飾的單純性，為了尋找可以提供屋主一家人正向能量，我絞盡腦汁尋找最美妙的顏色，那股堅持我到現在依然記憶猶新，該說是心有靈犀一點通嗎，屋主一家人告訴我希望能讓家裡看起來明亮，最後挑選出的顏色，怎麼看都很對味。對了，介紹這間屋子時，絕對不能少了小孩房，為了跟女兒相差十歲的老么，我們精心打造了一間如童話一般的夢幻房，考慮到更長遠的將來，讓很晚出世的小兒子能夠使用到上小學以後，使用了Donhwa Eco Board品牌的材料做成了堅固的書櫃，也有足夠的空間供將來擺放青少年用的床架，非常諷刺的是我自己的兒子都沒有擁有過這樣的房間，屋主的小兒子哪一天也會很感激媽媽這麼為自己設想吧？其實只要在裝潢的過程中，總是會發生一兩件不如意的事情，這次的裝潢過程與結果，正好與屋主和睦的一家相映，有甘也有辛。

著重實用及收納的規劃，讓空間更加耐用。

↑
不藏私密技

1 從玄關通往客廳走道的牆面上，家族照片一字展開，上頭裝了一對一的聚光燈，看起來就像美術館一樣；照明除了能夠照亮走道，還可以誘導人的視線。
2 設計了許多大小不一、種類多樣的置物櫃，裡頭可以放置小孩的書本與文具用品，這是一個可以讓小孩子用到上小學的設計，家具採用有環保效能的DonHwa Eco Board產品，非常安全與堅固。
3 玄關的地板跟牆壁都貼了磁磚，呈現出俐落的觀感。
4 拆掉收納櫃原來的門板，換成較鮮艷的顏色，貼上身高尺貼紙，技巧地凸顯了裝飾性。
5 由於前面就是學校，在處理隱私時有點棘手，後來決定裝設百葉窗代替傳統窗簾，自然光可以透射進來，也能夠遮蔽視線。
6 客廳書房的窗邊設計了有收納功能的長椅，打造了休憩的絕佳空間。

預設10年的高明設計

這間房屋盡可能採用較淡的色調與素材，以保持最長久的新鮮感，重視即使經過10年也依舊實用的設計，屋主一家人入住時，感受到的不是「新家」而是「我們家」的安適感，尤其是念國中的女兒與剛滿周歲的兒子的房間，設計時已經將兩人的「成長」考慮進去，日後無須再進行任何改造，只要添購家具跟更換壁紙就可以；廚房與客廳只設計了必要的要素，增一分則胖，減一分則嫌瘦，非常恰到好處，裝潢材與色調皆以耐久為前提做設計，只要做好「保養與修繕」，空間本身就是屬於經典的設計。

「設計師有沒有能力，在白色空間裡即可見真章，懂得流汗的設計師，是不會在白色空間前感到畏懼的，因為他會自信滿滿的、馬不停蹄地發揮自身的力量。」

——抽象大師先驅瓦西里・康定斯基（Wassily Kandinsky）

完美的細節
well detailed

剛開始面對50～60坪以上的大坪數時，腦子裡總覺得好像被掏空一樣，空蕩蕩的。除了最基本的收納都已經獲得解決，人員動線也規劃得很妥當，所以在格局上是不需要變動的，那身為設計師的我，在這裡該解決的究竟是什麼問題呢？在這偌大的空間裡，既沒有什麼家具是放不下的，更不必費心苦思可以放大格局的方法，最後我下了結論，勝負的關鍵在於好好處理細節部分，打好這個大空間的基底。

拿基本的女用襯衫來說好了，如果是高級品，為了凸顯質感，鈕釦會是以貝殼做成，而且鈕釦孔也會仔細地以手縫繡孔邊，布料也會是精挑細選的上等布料，旁人或許不會注意到這些小細節，但是穿的人肯定能夠馬上辨出質感好壞。因此裝潢大坪數時，也應該要在看不見的細節處注入心血，讓空間原貌有更突出的表現，利用家具與裝飾品本身的魅力跟房屋基底做絕妙的搭配，對於裝潢大坪數的人，我建議最好拋棄增加新的裝飾要素或者另闢格局的「野心」，唯一可大肆要求的是精巧的細節所需要用到的高級裝潢材料與專業施工。

三代同堂的五人家庭
168㎡ / 51坪

生活風格

三代同堂之家。成員有從事教育工作的丈夫與當小學老師的太太，一個正在念幼稚園的大兒子、相差兩歲的小兒子以及丈母娘。

客戶需求

去除原來的櫻桃木顏色，轉換成舒服的氣氛，需要一個能讓全家人共同看書的空間。

1

設計重點

運用地板材料打造裝飾牆，強調自然，是全家人可以共用的書房。

2

玄關到走道這一段空間以黑色線板做了整理，藝術牆的部分裝設了間接照明，強調自然美與節奏感。

三代同堂的幸福空間

new natural house
新自然風之家

由外婆照顧兩個頑皮外孫的三代同堂家庭，
接受裝潢委託的時候，房子有一半的設計是完成的狀態，和我當初住的房子是一樣的狀況，
所以對他們來說，我可以算是前輩。

3

1

「當初是刻意買整修過的房子，正式入住前才發現跟我期待的有一些落差。母親平日替我照顧小孩非常辛苦，所以想把她的房間弄得更舒適一點，還希望能有一個全家人可以聚在一起看書的書房。」金虹美小姐把家人的舒適擺在第一順位，真是賢妻良母，但，如果以為她只要求舒適，可就大錯特錯了。

怎麼說我也跟著婆婆一起生活了7年，當了10年的全職家庭主婦，加上過去的經驗，我絕不會錯過她內心的「心願」，「希望成為舒適的生活空間，呈現簡約線條與整齊的印象。」簡單來說，這次是個必須兼具實用與美觀理想的裝潢案件。

我出的絕招為利用白色與黑色形成對比，以及木頭與石材等大自然的裝潢材，牆壁與地板分別使用了白色與核桃色，給人一種端莊的印象，另外使用了黑色的線板與門板，讓對比更強烈，由玄關到客廳一直到臥室前的牆壁上，沿著動線貼上了木頭紋路板，除了有放大動線的效果，也有極高的裝飾性。

1 為了提升廚房動線的效率而設計了吧檯桌，吧檯桌下方貼上磁磚，提高了裝飾效果；廚房地面鋪設了白色地磚，除了提高廚房的實用性，也能跟客廳區隔開來。

2 為了滿足屋主對簡約風格的喜好，牆上貼了單色石材壁磚，簡約的線條呈現出簡單的空間，黑色&白色的沙發與窗簾，豹紋的地毯，休閒椅等家具的搭配，強調都會的自然美是著眼點。

2

1

三代同堂幸福居家的條件是

跳脫時代的間距，

打造的時尚自然風格。

1 小孩房以綠色與天空藍做搭配，呈現出清爽、有朝氣的氛圍，在落地窗與床之間設計了一道半高不矮的隔間牆，區隔了睡眠與遊戲的空間，減少高度與寬幅的隔間牆，是讓隔間牆看起來不會太沉悶的重點。

2 平時忙於照顧孫子的外婆房間，混搭了東洋風味的家具，呈現出既華麗又典雅的氣氛。

3 夫妻主臥，靠床頭的牆面以黑&銀色相間的條紋壁紙裝飾，強調現代與古典並存，橫紋有放大格局的效果。

1 2 夫婦倆和孩子們可以一起使用的書房兼家族交誼廳。曲線形的收納架底下是可以供孩子們塗鴉的白板。

before

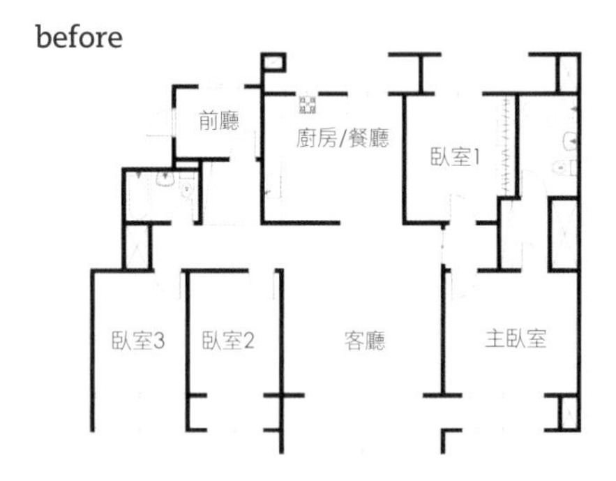

after

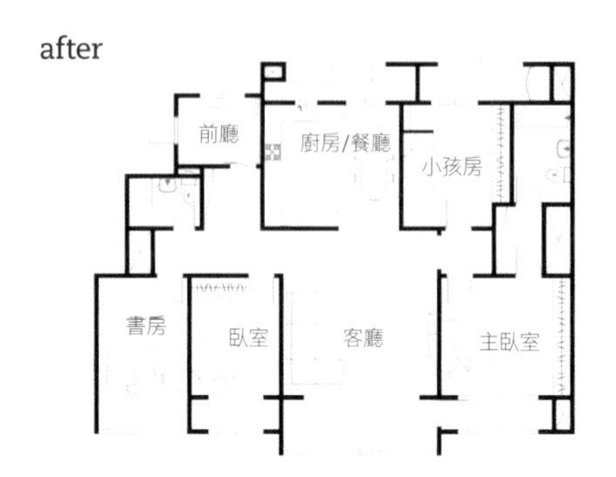

客廳牆面貼上了石磚，成為隱約透露出自然美的裝飾品，廚房與玄關也依此原理進行裝飾，於是整個屋內的氣氛給人一種既時尚又蘊含自然美的印象，該說是自然風格的新詮釋嗎？

客廳、廚房、玄關是如此時尚，同時又很貼近大自然，自然成為滿足這一家人的共同條件與焦點。另一方面，在個人空間上強調了各自喜好的完美獨立空間；在位於客廳的書房，擺放了T型書桌，父母與子女都擁有自己的位子，設計成可讓一家人同時使用，雖然一家子住在同一個空間裡，但是每個人的喜好總有不同，給「住在一起的獨立個體」找到滿足的公分母雖然不是簡單的事情，但每次都能替這些難題找到新的解決方法，這樣的樂趣，如果不是設計師應該很難體會。

1 白色的廚具與自然風格的磁磚達到了協調性，創造了溫馨舒適的感覺。
2 從牆壁延伸到天花板的磁磚，成了一片裝飾牆，有放大格局的效果。
3 將小孩房的陽台空間變身為遊戲房，眺望天空般的圓弧狀天花板是一項特點，轉角的牆壁上設計了收納櫃。
4 客廳牆壁以石材壁磚處理，同時演出自然美與忠厚感，還有另一項特點，就是不怕弄髒，可以使用長長久久。

1 2

3 4

選擇最經濟的裝潢材完成最有效的風格。

一般裝潢40~50坪這樣大坪數的房子，在裝潢材上的花費是非常可觀的，當然這次的案例也不例外。幸好這間房子在屋主入住以前是「樣品屋」，因此有許多可以直接活用的部分。地板只要繼續沿用即可，我只在影響整間屋子氛圍的客廳跟廚房動了手腳。書房跟小孩房也是使用原有的地板，只要照著地板顏色挑選適合的家具即可，在客廳的天花板裝設了較深較寬的燈盒，有挑高天花板的視覺效果，雖然把天花板挖空，可以讓整個空間看起來更寬敞，但是卻要花掉許多材料費與工人費，而且施工時間會跟著拉長；為了讓牆壁看起來貼近大自然，使用了噴砂質感、略帶珠光的壁紙，能左右客廳氣氛的主角石磚是從國外進口的，算是凸顯細節的一項「投資」。裝潢大型空間的秘訣在於，透過調整裝潢材使用上的強弱，來提升居家整體的氣氛。

石材壁磚既不會輕易弄髒，看久了也不容易膩，是非常有經濟效益的裝潢材。

↑

不藏私密技

重視色彩感的四人之家
198m² / 60坪

生活風格

家庭成員為40歲的夫妻和一對念中學的兒女，丈夫對攝影有很深的造詣，喜歡現代風格，兒子和女兒在學校專攻藝術。

客戶需求

長久居住也不會感到煩膩的現代風格。比起裝飾細節，更喜歡透過顏色打造出來的充滿朝氣的家。

設計重點

重新粉刷牆壁，天花板照明簡單化，來打造簡約風格，以紅色為主，賦予空間生動感。

1 設計了一道隔間牆，做出通往客廳的走道，讓客廳有被獨立開來的感覺。
2 天花板的照明使用了間接照明，有放大空間的效果，裝設了木制百葉窗，可讓室內更明亮，也是讓變成時尚居家的重點，幾何學時尚簡約設計的沙發也是這家重要的角色。

eternal modern
不滅的時尚 捨棄古典聖品的現代房屋

從事裝潢設計已經有5年了，原來我也能有這麼光榮的一刻。
屋主三顧茅廬的找上門來：「如果不是趙喜善小姐，我的家就無法進行整修裝潢。」
貼心的等我忙完，還強調絕對相信我的審美觀，自己絕對會依照我的建議，
算是一次非常「風光」的案件。

把裝飾的細節先擺一旁，

以點線面及顏色的基本元素

來活化時尚感。

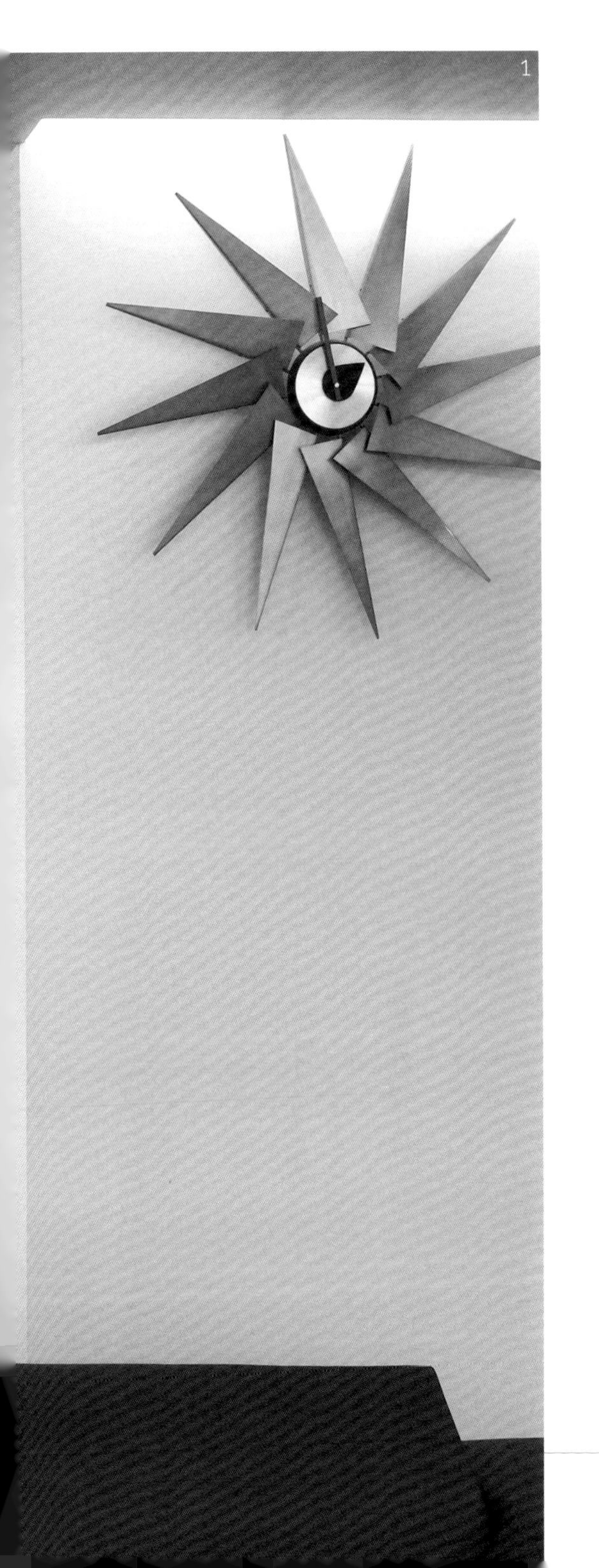

1 白色的流理台與藍色&紅色繽紛色調的磁磚成形對比，創造了清新、時尚的風格，廚具使用Hanssem Kitchen Bach品牌的產品。

2 利用隔間牆將廚房打造成獨立空間，隔間牆上頭的天花板裝設的間接照明，強調了空間感，在這道新建立的牆上可以懸掛與展示照片。

3 前面設計了櫃子，把收納功能發揮到極致的廚房，白色的櫥具放眼望去皆為收納櫃。

「如果當初沒有裝潢這間房子，現在的我會是怎麼樣呢？」2008年春天，我手邊有三個案件要進行，真的沒有餘力接額外的案子；在我忙得不可開交的時候，有一名男子找上門來想委託我們裝潢，我告訴他我的狀況，前前後後大概拒絕了六次，但是這位男子卻非常堅持一定要我幫忙，甚至還到我工作現場來個突擊。

「如果妳現在沒有時間，我可以先自行進行一些基本的改建，剩下的部分再請妳幫我完成。」我被他異常堅定的決心打動，於是決定到他家探一探。「我想要一個具現代感的空間，所以地板跟牆壁會貼大理石。」我一聽到這樣，本能的回答他：「大理石？如果你想要使用大理石，大可不必找我幫忙，我以前也使用過大理石，結果毫無半點個性，是一種很乏味的建材。」話一說完，我驚覺自己的話說得太重，就在我擔心對方是否會生氣的時候，得到了出乎意料的答案：「哦，這樣啊，想必妳一定有比大理石要更好的點子來幫我打造現代風格，很好，那我們就開始吧。」我們一邊參考墨刻與其它雜誌，找看看有沒有喜歡的裝潢風格。

1 兼具睡眠與念書功能的子女房，牆角處訂製了專屬的書桌與書櫃，打造了學習空間，依照床的寬度另外製作了隔間牆，將念書與睡覺的空間巧妙分隔開來。
2 想要以粉紅色布置房間的妻子，與喜歡海藍色的丈夫，到底該聽誰的？答案是兩個人都獲勝，粉紅色的壁紙搭配藍色的地毯。
3 子女房一樣利用有隔間效果的隔間牆把睡眠跟學習的空間區隔開來，隔間牆故意做得稍矮，這樣可以當床頭使用，內側設計了收納櫃，壁櫥是原來就有的，只換掉了壁櫥門板的顏色。
4 整齊的子女房，加入子女的個性與喜好，打造出截然不同的感覺。

4

夫妻倆的書房，把原來就有的古典風家具重新排列，氣氛立刻煥然一新。

很神奇的，反而是因為客戶對「裝潢by趙喜善」的滿滿信心感化了我，所以接下了這次的案件。雖然當時的身體百般疲憊，但是心靈上獲得了至高的滿足，這對中年夫妻由原本將大理石與吊燈視為營造羅曼蒂克風格的聖品，轉為想要不容易看膩的風格，對此我也深表認同，為了達成他們的願望，我建議牆壁改以油漆粉刷，以紅色營造別致的感覺，以有設計感的家具發揮大膽的效果，對於這樣的意見，屋主也是照單全收。「紐約極簡」風格在設計師跟客戶的完美共識與共鳴之下，爽快地完成裝潢。

我一面回顧房子，心中不禁有感而發。客戶與設計師對裝潢風格需要懷抱著相同的夢想，雖然個性是與生俱來的，難免會不同，但是對於居家的想法跟喜好如果有相同的分母，那就可以一起攜手畫下藍圖，一想到這樣，如果當初我拒絕到底呢？想都不敢想像。

1 住商合一的大樓，客廳裡有許多窗戶，為了保持這個優點，在視野絕佳的窗邊設計了可做收納用途的長椅，椅子上蓋是木製的。
2 飯廳裡的紅色吊燈為空間注入了古典氣息。
3 量身打造的視聽收納櫃以顯目的紅色詮釋了線條美以及有安全感的比例美。
4 靠墊是營造客廳氣氛的最佳利器，白色沙發搭配了紅色與黑色的靠墊，看起來很別致。
5 子女房以條紋壁紙裝飾，讓空間充滿了活力。
6 把床與書桌區隔開來的隔間牆後方，在轉角處設計了梳妝台。

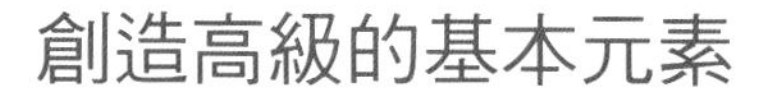

客廳裡有許多窗戶，為了營造有現代感的氣氛，使用了木製百葉窗。

不藏私密技

創造高級的基本元素

選擇現代感的極簡風格讓氣氛能夠歷久彌新，只要對症下藥，做好基本功，就如同成功了一半。這次的案子集中在基本的表面施工，客廳牆面使用的是環保油漆，地板則鋪設了石磚，讓居家氣氛有如紐約的別致閣樓一樣。投資裝潢材的結果是贏得了高貴的氣氛，再加上有設計感的家具，所有的空間與家具皆熠熠生輝，牆壁上先以環保漆做粉刷，之後再進入木作階段，油漆材料費與施工費用雖然很可觀，但完工的效果讓人非常滿意，而且還可以讓居家風格歷久彌新呢。

實力派演員
金明民的家
297m² / 90坪

生活風格	客戶需求	設計重點
家庭成員有當演員的丈夫、妻子以及獨生子，非常重視以家族為重心的生活方式。	現代與古典兼具的氣氛，以及切實的收納空間，提供休息與充電的視聽室跟浴室。	利用無線施工打造影音系統，量身訂做的收納空間，以及有3人用按摩浴缸的浴室。

現代與古典的完美結合 名流的完美華屋
celebrity's perfect home

有其屋必有其主，如果主人聽到這間房子的風格很像自己，心裡頭一定暗自竊喜，以不輸給任何人的努力邁向完美演技的男演員，金明民的家，是由我負責設計的。

1

1 以藍色色調裝潢的臥室，讓典雅與清新可以同台演出。如果是窗戶較多的空間，可以裝設百葉窗來取代傳統窗簾，看起來才不會太沉悶。
2 讓臥室更加明亮的威尼斯鏡子。

2

摩登與古典共存的新古典風格客廳，
以白色為主色調，藉銀色的線板打造分割的效果，
簡單、稍帶裝飾性的牆壁，打造出高貴與率性調和的客廳。

以現代感為基礎，

與內斂的古典相接觸，

成為超越時空的空間。

要替頂級明星設計居家？這樣的情節好像只有在韓劇裡才會出現。的確挺有意思，重頭戲在後頭，因為必須冒著將這棟老房子「大卸八塊」的險進行，屋齡超過20年的老房子，格局跟現代大樓完全不同，光是這兩點就足以刺激我的「改造本能」了。金明民已經在這裡住了2年，因此對這棟房子的問題點與改善方向可說是瞭如指掌，甚至還提供了一張「藏寶地圖」，既然如此我也沒得抱怨了。

雙方經過多次討論後，終於到了向他報告草案的日子。首先金明民先生的意見都有考慮進去，而我以設計師的立場，重新補充說明了許多部分，當天我還滿緊張的，幸好金明民先生很爽快的接受了我的提議。「我信任專家給的意見，但還是麻煩您多花點心思在我的個人工作室與浴室。」這句話顯然是要表達對我的尊重與信賴吧，當時他人正沒日沒夜的在拍攝《比天堂更近的美麗》，所以成了我孤軍奮鬥的局面。

1

1 以嵌入式處理，打造乾淨整齊的廚房，流理台前方設計了吧檯，空間看起來簡單不複雜，吧檯還有區隔飯廳跟廚房的效果，廚具使用的是Hanssem Neo Euro Noble品牌產品。

2 因為來訪的客人比較多，所以飯廳裡設計了大型餐桌，餐桌旁的牆壁設計成整面的收納櫃，白色表面做了拋光處理，營造出低調的奢華氣氛；餐桌後原本是普通的窗戶，特別改造成落地窗，可以從這裡進出庭院。

1 黑色相框整齊排列在白色的牆面上，這片散發時尚氣氛的牆面是客廳的裝飾重點。
2 前廳可說是一間房屋的第一印象，給人穩重感覺的條紋壁紙營造出強烈的高雅觀感，考慮到隔音與隔熱的問題而多裝設的內門也是一項特點。
3 玄關入口前的小型梳妝室，外出時可以整理衣著的空間，可擺放包包、香水等配件，設計了有全身鏡的滑軌門，門關起來的時候就變成很古典的相框鏡。

1

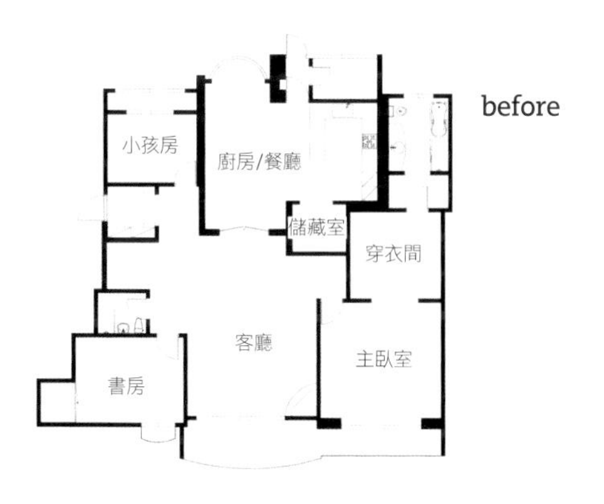

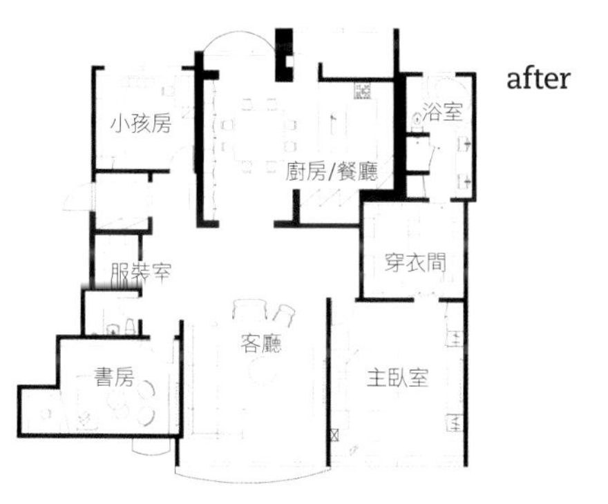

我把老舊的設施重新整裝，為了重蓋浴室，嚐盡了創造的痛苦；為了打造一間可以讓金明民先生「徹底投入」的工作室，做了前所未有的挑戰。我把原有的窗戶封起來，在原位擺了一張書桌，為了替現代風格注入一點變化，製作了銀色的線板，完成了非常與眾不同的新古典風格牆面裝飾。經過三個月如火如荼的趕工，這天我跟金明民先生在新裝潢好的家裡碰面，每個部分他都很滿意，對他這樣愛家、要求爐火純青演技的人來說，最重視可以跟家人一起共浴的浴室與能夠絕對集中注意力的演員專屬工作室了，這兩個空間成了這間房子的餘白之美……我的冒險總算是開花結果了。

對了，還有一件事，就是我終於知道「那些成功的人只有1%不一樣」這句話的涵義。金明民先生貴為客戶，給了設計師勇氣，並且以信賴與尊重對待，最終才能夠開花結果。在這段過程中，循循善誘，成為將結果導向成功的原動力，我想，身為一個設計師，得到最棒的禮物就是獲得人性關係的美學吧。

拆掉窗戶，完全隔絕了自然光線，
像視聽室一樣的書房；
在原本是壁櫥的地方擺上書桌，
變身為「書房中的書房」。

主觀強烈的設計

如果只顧著維持風格，有可能會忽略實用性，如果只是一味強調實用性，則會失去原來的個性；有鑑於此，金明民的家是個結合實用性與維持風格的例子，其實這也跟屋主強烈的主觀有關係。屋主居住時已經針對種種不便做出了分析，也很明白自己想要的是什麼，並且確實轉達需要修改的部分。在告訴我他希望的風格以後便馬上動工了，如此不僅為雙方節省了許多時間，我也能夠花更多的心力在需要集中的事情上，最後得以成就連細微處都能兼顧到的裝潢。

其中注入最多心血的莫過於安裝影音系統了，如同屋主強烈表明，希望能在書房、客廳、寢室等，隨時隨地都可以「好好的」欣賞電影，所以一開始就決定好電視與音響的尺寸與位置，以便著手進行無線施工，才能讓新古典風格有清新明朗的呈現。

為了打造絕佳的工作環境，把光線全都擋在門外的書房；打掉原有的窗戶，做了書架。

↑

不藏私密技

1 把窗戶補起來後，設計了開放式書架，綠色系牆面搭配書架的黑色線條，增添了輕快感。

2 一家三口可以共同享用的扇形按摩浴缸，在入口處做了淋浴間，打造了乾濕分離的浴室，浴缸、洗臉台、水龍頭使用的是American Standard品牌的產品。

3 位於臥室跟浴室之間的穿衣間，設置了可有效率整理衣物的家具，打造了便利、整齊的穿衣間。

4 以溫柔的白色色調演出淡雅氣質的浴室，為了更增添明亮感與古典美，在洗手台的牆面上裝了兩個大型的威尼斯鏡。

氣氛和樂的 五人之家 231m² / 70坪	生活風格 家庭成員為30多歲的夫妻與三個子女，以家庭和樂為第一考量。	客戶需求 希望把新房的非效率空間改良得更實用與更加便利。	設計重點 建議依照各空間的機能進行顏色、家具上的搭配，刻劃出俐落明確的空間。

調和剛柔所完成的居家裝潢 實用的混搭
practical mix&match

「一定要把房子大卸八塊嗎？」這樣的想法對設計師而言是很大的誤解。事實上，大部分的委託人的確會持著「會把房子都打掉」的心態前來諮詢。這個房子也不例外，這是一個對新房不太滿意而要求重新設計裝潢的案例。

1

1 天花板與地板原封不動，藉由壁紙的更換營造出清新素雅的氣氛。
2 善用空間的缺點。在原本的大理石柱子上加上一層夾板，貼上黑色鏡面馬賽克磁磚，以皮耶羅．渡爾那賽提（Piero Fornasetti）所設計的藝術磁磚做點綴，讓柱子成為裝飾元素，旁邊半大的曖昧空間則設計了吧檯。

2

1 從客廳進到臥室的入口處，拿掉長廊兩邊牆面的裝飾，貼上隱約散發雍容華貴的壁紙，創造出空間感。
2 踏入玄關後迎面而來的牆壁。將長方形的木板貼上壁紙，像畫作一樣掛起來，猶如家中有典藏的名畫般，是個很獨特的點子。
3 將廚房櫥具門片改為黑色&白色後，貼上金屬質感的磁磚，營造了典雅大器的空間，飯廳前裝上半透明薄紗幕簾，除了有將空間區隔開來的效果，也不會過於沉悶。
4 臥室裡的陽台部分設計了有收納功能的長椅，除了增加休憩的空間，也營造出不一樣的氣氛。

2

1

3

淡雅的色系與高級裝飾品，

將看似空曠的留白之美

發掘成設計特色。

4

「客廳裡的柱子該如何處理呢？還有，我實在不是很喜歡目前的裝潢色調，對一個有小孩的家庭來說，黑色的櫥具顯得太沉重了……應該全部都要拆掉吧？」跟即將臨盆的趙規善小姐見面時，她絲毫沒有入住新屋的期待，反倒有一籮筐擔心的事。雖然我裝潢過很多房子，但是這次案件的條件對我而言還是很陌生，客廳的兩面皆有窗戶跟柱子，家具的擺放位置好像也不太對勁，總覺得其他剩餘的空間很可惜，加上屋主希望把完好的廚房家具撤換掉，聽起來似乎有些浪費，到底該怎麼把這顆燙嘴的馬鈴薯變成美味可口的料裡呢？就在我苦惱的時候，腦子裡突然閃過一個念頭，何不用皮耶羅・波爾那賽提（Piero Fornasetti，義大利的藝術家，擅長將女性的臉龐印到各式裝飾品上，作品總是散發出神秘的氣氛）所設計的磁磚「眼中釘」來裝飾柱子呢？只要把想拆除的對象物裝飾得更討喜一點，就不必大費周章進行拆除，也可以讓空間有耳目一新的改變，所以我在大理石柱子上貼上皮耶羅·波爾那賽提設計的磁磚，讓平凡無奇的柱子成了另一個藝術特點。

此外，我還把廚房暗沉的上櫥櫃的門片顏色換成了白色，牆壁上貼了有金屬質感的磁磚，整個廚房氣氛煥然一新，變得明亮又大器，原來的線板跟門片的顏色容易讓人心煩意亂，重新貼皮後，變成比較賞心悅目的顏色；牆壁則是選用高級色感與質感的壁紙，讓氣氛有更明確的演出，對我這個設計師、裝潢達人以及精明的家庭主婦秉持「可以沿用就絕不丟棄」的精神所完成的裝潢成果，屋主的感言是：「既然施工的規模變小，那麼照明跟其他的部分要不要換成新的？」我明白屋主的意思，但我覺得並不需要：「設計時已經有考量到原有的照明了。」於是令人滿意的裝潢就這麼大功告成了。雖然我很慶幸這次的工程進行得很順利，一方面心裡卻也不禁疑惑，將來是否還會有如同把別人完成的畫作擦掉，再重新畫上的案子呢？希望將來就算遇到了，也能夠順利地完成。讓舊的東西與新的東西相遇，並且自然而然地達成調合，需要多少的經驗與主見呢！不是多活個幾年就能成就的事。

1

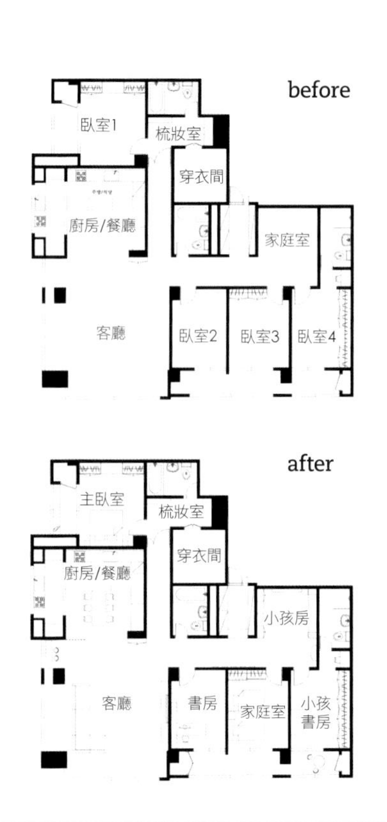

1 兩子女共用的寢室
床與床之間的牆壁貼上塗鴉壁紙，兩張床就像分別在獨立的空間。
2 讓小孩房與書房相通的陽台
設計了拱形門，將空間做好規劃整理，陽台兩側的牆面設計了可以妥善收納玩具的收納櫃。
3 子女書房
原來的收納櫃原封不動，門片重新貼皮，改成輕快的顏色，門片中間設置了烤漆玻璃，可以在上面塗鴉記事，增加了實用性。
4 可供一家人學習的小客廳
牆壁上設計了書架與收納櫃，可妥善收納小孩的文具與書籍，保留了中央空間，維持動線的暢通，兼具收納功用的長方形靠牆椅以及水彩畫壁紙，這兩個元素可說是製造溫暖、自由氣氛的大功臣，桌子腳有輪子可做移動，不用的時候可以跟有一字型書架的紫色牆面貼齊，隨時保持空間的整齊度。

2

3

4

針對裝潢的建議

Advice of Remodeling

Part3: **細節** detail

1 廚房&飯廳
2 客廳
3 臥室
4 浴室
5 小孩房
6 書房
7 趙喜善's 裝潢筆記

Start of Layout Design

先了解所需的最小尺寸再著手進行

裝潢就是必須將可用空間發揮到淋漓盡致；其中有一項鐵則，那就是「最小尺寸」。先測量正確的尺寸，絲毫空間也不能浪費掉，並從中抓出所需的最小動線，如此一來才能創造出有效的空間。

什麼是最小尺寸？

舉例來說好了，在狹小的廚房裡擺放了一個對開式的冰箱，但是，開冰箱的時候，才發現冰箱門幾乎都要跟對面的收納櫃碰到，以上就是只顧要放一台對開式的冰箱，卻沒事先掌握好冰箱打開時所需的最小空間的例子。如果是專家，或許一開始就會考慮到，但是對於改造裝潢還很陌生的一般人來說，很有可能會犯這樣的錯，改造空間的時候，特別是較狹隘的空間，一定要先抓出最小所需的動線，一個人走動時所需的最小動線為90公分，拿一個格局為長方形的廚房來說好了，中間的寬度最少要有90公分以上，冰箱門打開的時候，起碼還需要有90公分的寬度供人走動才行。

為什麼要先掌握最小尺寸呢?

從雜誌上所剪下來的廚房範本，因為屋子的構造跟我家差不多，便私自委託鎮上的包商，要求打造一模一樣的廚房，但是卻發生問題了！裝潢的成果並不如當初預料的，既不實用也不美觀，特別設計可做餐桌使用的吧檯桌，竟然成了路障，擋住了通往廚房的去路，到底問題出在哪裡呢？答案很簡單，那就是在施工的時候，沒有人注意到最小尺寸的重要性。

如果委託專業的裝潢設計師或室內設計師，一定都會先掌握最小尺寸後再設計格局，接著才將家具擺進去，這樣才能滿足美觀與實用的要求。相反的，要是以一張圖片委託鎮上的裝潢木工師傅，暗自期待「師傅應該會自己看著辦」，通常只能以浪費做收場，委託者本身無法下達正確的指示，重點全放在只想憑一張圖片要師傅能幫忙依樣畫葫蘆，因此也沒有精密計算所需的動線。因此，讀者如果想要DIY裝潢，務必在圖上標好最小尺寸，再請師傅動工，如果打算請專門的設計師，最小尺寸也是自身必須了解的事項，因為在正式委託設計師設計前，可以先行了解自己希望改造的部分是不是可行。

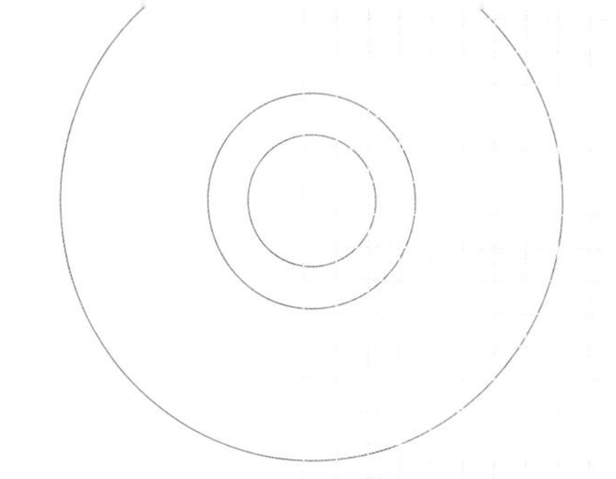
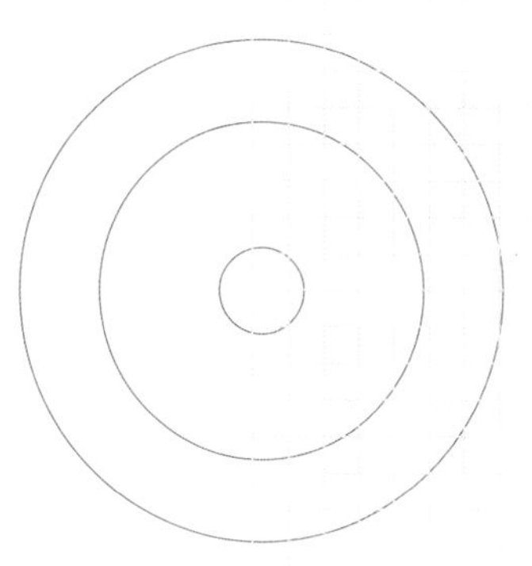
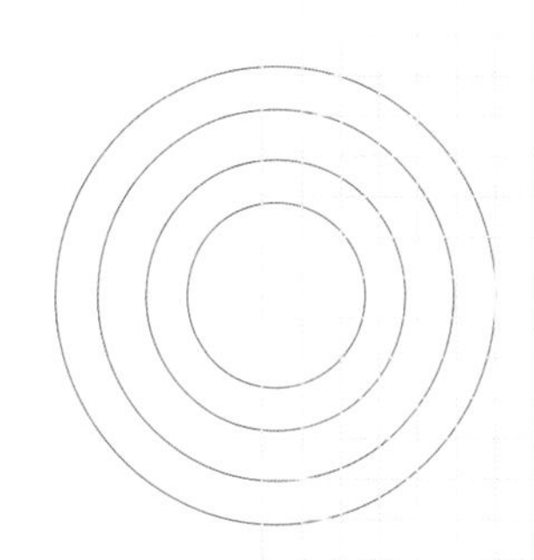

最好能掌握各空間需要的最小尺寸

廚房

匚字型廚房中央80公分

廚房入口90公分

吧檯與牆面間的距離90公分

玄關

收納櫃與玄關牆面隔90公分

客廳

電視跟沙發的最佳距離160公分（依電視尺寸不同變化）

臥室

穿衣間入口寬度最少需要80公分

床跟電視的最佳距離為180公分（依電視尺寸不同變化）

Kitchen & Dining room

廚房，成為家裡的人文空間

過去廚房單純只是個煮飯跟吃飯的空間，現在則兼具多種生活形式的機能；可以是一家人跟朋友聊天說地的咖啡廳，可以是孩子們的學習空間，更可以是主婦們的工作室。如果你喜歡品嘗葡萄酒，飯廳可以設計一個家庭酒吧，甚至可以再放一台嵌入式洗衣機，如此一來廚房除了是生活上必需的實用空間，也是文化的重心，但諷刺的是，從生活的角度來看，廚房並不是一個愉快的空間，雖然滿足了實質上的生活，如果沒有善加整理，看起來就會凌亂不已，哪天需要宴請親朋好友，才發現餐廳怎麼會這麼窄……現實面既然如此，諮詢時總會將廚房改造擺在第一順位，而且業主總會異口同聲抱怨下列的內容。

「廚房太沒有遮蔽性了。」

我真的不喜歡開放式的廚房，不管怎麼整理，還是會因為格局的關係被一覽無遺。

「沒有地方可以收納。」

苦惱不知道該使用什麼樣的廚具，才能有效做好空間收納。

「空間太小，甚至連張餐桌都塞不下。」

住在20坪房的新婚夫妻，因為廚房完全塞不下娘家當做嫁妝的餐桌，特地搬了家，原本以為搬到30坪的公寓後就可以放得下6人用餐桌了，想不到廚房卻連四人用的餐桌都塞得很勉強，一家人忍不住異口同聲地抱怨：「廚房空間實在太小了！」

到底該怎麼改造出既可以滿足所有要求又能兼顧美觀的廚房呢？

改造廚房時，須確認的事項

生活方式

□是否經常開伙？
□最常做的料理種類？
□廚房跟飯廳裡預定擺放的家具？
□廚房裡會使用到的家電種類跟體積？
□把儲藏室跟廚房合併時，是否有其他空間可以放置洗衣機跟曬衣服？

硬體診斷

□小型家電的種類跟體積？
□家裡的碗盤種類、大小跟數量？

裝潢與格局

□是否需要電視跟音響設備？
□是否需要居家辦公？
□是否需要吧檯？

需求1

想把開放式廚房打造成獨立的空間。

20～30平房常有的開放式廚房是最讓人不滿的設計；廚房、飯廳跟客廳幾乎連成一體的開放空間，用完餐後如果沒有馬上收拾清理，看起來就會非常雜亂，等於是把廚房的缺點全部攤在陽光下供人欣賞一樣。這時候，把開放式廚房改成半開放式結構的效果很好，除了可以讓空間有分離的效果，也能夠巧妙地掩蓋生活最真實的一面。

解決方案

可劃分空間，也可遮蓋流理台的半開放式廚房

半開放式廚房是一種變更原來的廚具排列，有效維持動線與收納空間的設計。舉例來說，讓靠牆壁的料理台跟流理台朝向客廳方向，在內側製作一個平台，這個平台除了是家庭式吧檯，也可以當成餐桌來用，如此一來除了空間能夠重複利用，也發揮了將客廳與廚房空間區隔的效果。

半開式廚房的設計會隨著空間面積、使用者的生活習慣而有所不同，可藉由空間活用度與實用性很高的半開放式廚房當範本，找出適合你家的設計。

case 1

高隔間效果的基本型半開放式廚房

如果流理台跟料理台正面對客廳，可以在前方設計一道能具遮蓋效果的檯面，原理就跟開放式廚房餐廳裡的吧檯一樣，在流理台或料理台內側多加一道檯面，從客廳往廚房看時，非常整潔俐落，也有分隔空間的效果，檯面的高度只要比流理台或料理台高出10～20公分即可。

增加收納機能的上櫥櫃

吧檯上面裝設了上櫥櫃，保障了收納空間，從客廳看上去，跟吧檯上下連成一線，發揮了區隔空間的隔板功用，從廚房看上去為非常實用的收納櫃。

刻意遮蓋流理台的貼心設計

通常流理台的高度為85公分，遮板需比流理台高10～20公分才能產生遮蓋的效果，通常隔板的製作高度為超過96公分。裝設吧檯桌，一來可以兼做簡易式餐桌，二來也能起到遮蓋流理台的遮板功能，從客廳看過去也就看不到流理台。

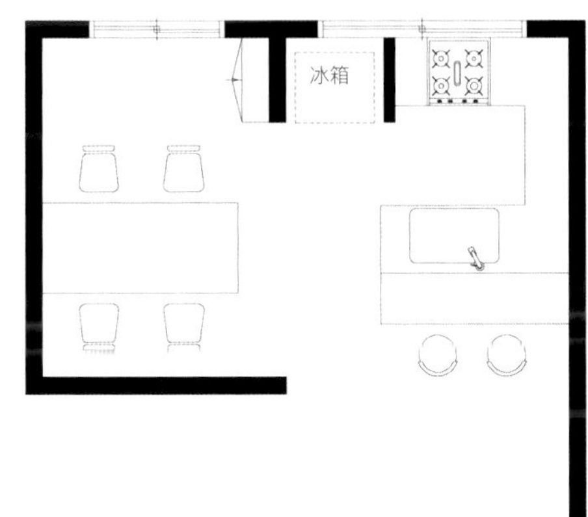

case 2

餐桌、工作台兩用的半開放式廚房

適合20～30坪小宅的設計，廚房瓦斯爐與流理台的位置原封不動，單純把料理的空間擴張成L型或ㄈ字型的方法，此法也是打造半開放式廚房最簡單的方法，訂做一張跟洗手台同樣為85公分高的工作台，把洗手台跟工作台串連在一起即可，有一點要特別注意，如果料理台跟洗手台呈ㄈ字型時，中間要維持人可以走動的最小寬度為90公分。

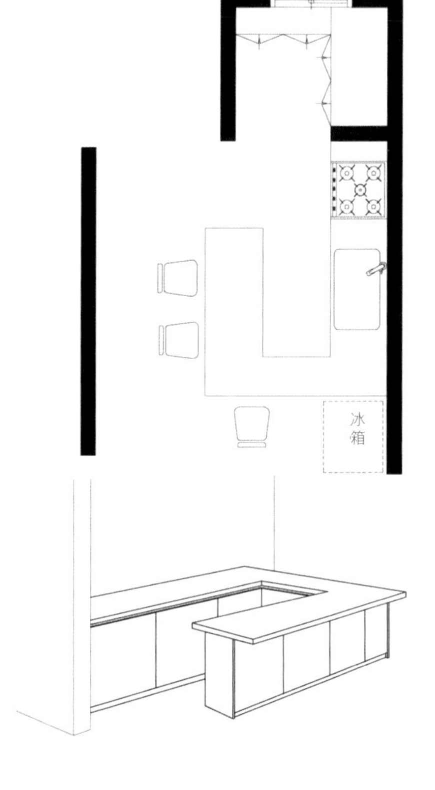

保持能走動的最小動線

在狹小的空間裡設計ㄈ字型動線的櫃台式廚房，ㄈ字型內的動線空間最少需要90公分以上，下方櫃子的門打開時所需的空間也必須事先計算好，本書的例子中，省略了櫃體下部廚櫃的設計。

高度需為兩腳可隨意擺放的程度，

吧檯使用度不高的原因主要在於坐著的時候，雙腳無法舒服擺放，如果檯面跟下方櫃子之間的高度夠，雙腳就能舒服擺放，建議至少維持20公分以上的距離。

打造半開放式廚房時，需了解的幾件事

Director's Note

1 什麼是最先要考慮的呢？

首先要考慮洗手台跟瓦斯管的位置。廚房的格局會隨著洗手台與瓦斯爐的位置而有所改變，一旦要改變瓦斯爐的位置，抽風機的位置勢必要跟著變動，工程會比較浩大，建議如果是20～30坪的公寓想打造半開放式的廚房，瓦斯爐的位置原封不動，移動洗手台的位置或擴張料理台會是最方便的。

不藏私密技：留心排水管的水平

進行廚房洗手台的工程時，要特別留意排水管的水平是否有調好，施工現場的共通專門用語為「洩水坡度」。要是水平沒有調好，水會無法順利排出或是產生逆流的現象，因此在施工前，最好請包商特別幫忙調一下水平，最好能在包商調整完後，直接在包商面前進行兩次到三次的測試，打開水龍頭看看水是否能夠順利排掉。

2 怎麼做才能有效又經濟實惠？

距離原先的水龍頭與排水孔越遠，施工的費用就會相對增加，而且排水管的長度越長，也會影響排水的順暢度，在規劃格局候，如果必須移動洗手台的位置，從原來的排水孔到新位置的這段距離，水管的長度最好維持在2公尺以內。

3 該怎麼改變瓦斯的管線呢？

在委託施工包商之前，必須先打電話給瓦斯公司，請瓦斯公司派專業人員過來進行瓦斯管線的更改與延長作業，收費標準為依照移動的距離（公尺）計算，每個地區的價格多少會有些落差。

4 該怎麼移動出風口呢？

如果要移動瓦斯的位置，那麼出風口，也就是抽風機的位置也要一起移動，跟瓦斯不同的是，移動抽風口須請廚房的施工包商進行，設計廚具的時候，可以順便請包商負責人事先幫忙移動抽風機的位置。

5 變更水龍頭位置的方法跟費用？

可以委託專業的裝潢公司跟水電行來幫忙移動水管管路，每家水電行開出的價格會有少許的差異，舉例來說，如果移動的程度只需要2m以內的水管，水管工程加上汙水處理工程約花費8,000元，當然費用也會因為排水管的種類而有所變動，通常大樓會使用伸縮管，最近有許多人使用PVC管，PVC管比伸縮管貴了兩倍左右，但是使用壽命會比較長久，至於要選擇哪一個，就依自己的預算決定了。

需求2

不能讓廚房成為獨立空間嗎？

如果家裡時常開伙，使用廚房的頻率非常高，那麼擁有一間寬敞、獨立的廚房是無可厚非的，如果是這樣，可以把廚房跟其他房間打通，或者移到比較寬敞的房間，原來廚房的空間則可以當餐廳用。

解決方案

合併與改變用途

case 1

把輔助廚房改為飯廳

最近很多30坪以上的房屋都附有輔助廚房，這樣的格局並沒有想像中來得實用，把輔助廚房跟廚房打通，把打通後的空間變成飯廳是個不錯的點子，尤其是有吧檯桌的飯廳，值得注意的是，餐桌的大小需視空間的大小做選擇。

<附註>台灣較少有「輔助廚房」的編制，但有不少房屋會在廚房旁邊另外設有一個小房間，這個空間就可以比照韓國的輔助廚房來處理。

tip 可當雜物間的輔助廚房

輔助廚房可以隨心所欲改成想要的空間，當然需要多大的空間，端看用途而定，如果是30坪以上的公寓，輔助廚房通常可改成飯廳、工作室、洗衣間等等，如果是經常開伙、因為生活需要需經常洗滌衣物的家庭，反而需要輔助廚房，因此在改變用途之前，務必慎重考慮一番。此項施工的日期再進行連絡。

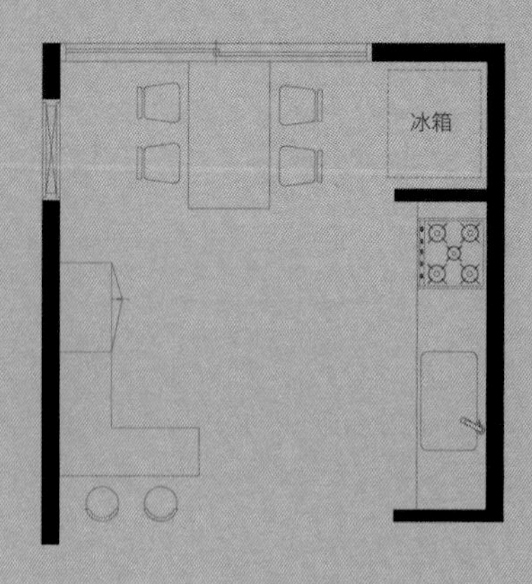

4人飯廳

別取笑輔助廚房這個空間！只要進行合併，也能成為放得下4人用餐桌的寬敞空間。

移到雜物間的廚房

擴張雜物間後打造的一字型廚房，兩邊角落設計了收納櫃，提高空間的實用度，洗手台對面的牆面，則放置了嵌入式的家電用品跟洗衣機。

兼做收納用途的隔間牆把收納、餐桌、隔間牆合而為一

在原來廚房的空間設計了L型吧檯，可兼做餐桌及收納用，甚至還當起客廳與廚房之間的隔間牆功用，檯面與下方櫃子的深度夠深，坐在椅子上時雙腿能夠舒服擺放是特點。

case 2

就20～30坪的住宅而言，如果希望擁有獨立的廚房跟飯廳，可以合併雜物間，把廚房移到雜物間

先了解瓦斯管線跟水管管線是否能夠遷移，再變更廚房格局；原先的廚房可以拿來當飯廳或雜物間使用。把廚房移到雜物間後，在飯廳與廚房之間可做一道能夠收納機能的隔間牆，這麼一來除了可以區隔 空間，看起來也比較有規劃。如果是30坪的住家，改變格局後的飯廳可擺放4人用餐桌或吧檯桌，可說非常實用。

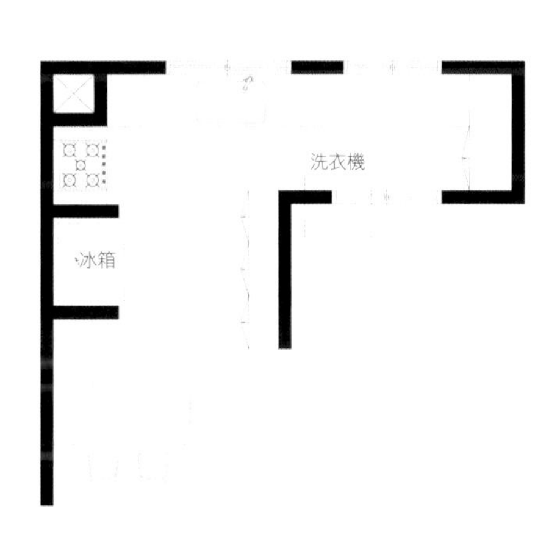

需求3

餐桌該擺在哪裡呢?

進行改造裝潢廚房時，最常被問到「餐桌該擺在哪裡呢？」老實說，如果是20坪的公寓，要是沒有改變格局，要擺下一張四人用的餐桌是有點難的，對此，可以打通廚房跟雜物間，把廚房移到雜物間的位置，剩下的空間再擺放餐桌，或改成半開放式廚房，善用吧檯也是很明智的選擇，至於30坪的公寓，廚房裡原則上是有足夠的空間擺放餐桌的，但可能有的屋主會受家庭成員數的影響，或希望能同桌招待客人時，就會需要比較大的餐桌；明知空間不夠，卻仍無法放棄的餐桌位置，到底該安排在哪裡呢？

解決方案

改變空間機能與訂做家具

case 1

把緊鄰廚房的房間改成飯廳

俗話說魚跟熊掌不能兼得，所以總是要做點放棄的。如果空間不夠的話，那就大膽的把廚房旁邊的小房間改成飯廳，拆掉房門後，設計一個拱門，飯廳的風格可不必延續廚房的風格，如此一來便擁有一間獨立、舒適的飯廳。

廚房旁的房間改成飯廳

廚房旁的房間因為空間太小，大多被拿來當雜物間使用，不如大膽的把雜物間改造成飯廳，輕鬆擁有廚房&飯廳。

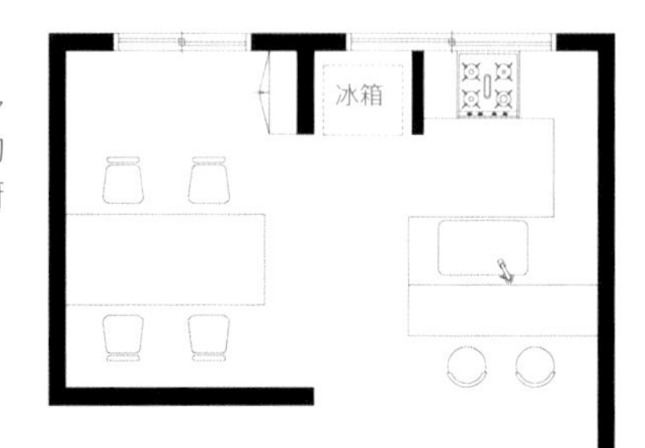

量身訂做餐桌組

如果你家的廚房餐桌跟廚具之間的空間太狹小，可以試著減少桌子的寬度7～10公分，乍看之下雖然只是些微的差距，但是可以維持動線的距離，視覺上也會感到比較寬敞。

case 2

維持所需的最小動線，量身訂做餐桌

6人用餐桌的寬度只要減少10公分，就會有神奇的效果。對30坪大小的公寓來說，如果想擺一張6人用餐桌，通常遇到的問題是空間會感到有些負擔，尤其當飯廳跟設有吧檯的廚房正面相對時，如果擺了一張6人用餐桌，吧檯跟椅子的距離則會過窄，這時只要把桌子的寬度減少10公分，除了動線會變得寬敞外，視覺上也比較舒服，因此餐桌建議不要買現成的，最好能量身訂做。

tip 餐桌，只要減少10公分就好

通常6人用餐桌的大小為160×80公分，調整餐桌大小時，長度維持不變，寬度的調整範圍為10公分以內，一旦減少餐桌的寬度，除了可維持6人用餐桌的原來大小，就連空間上也會有很神奇的視覺效果。

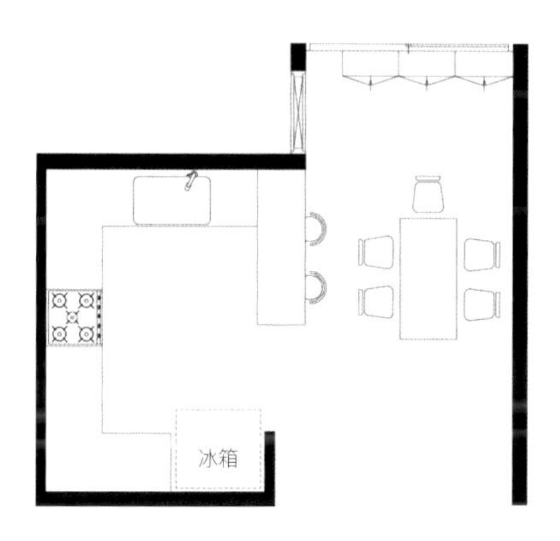

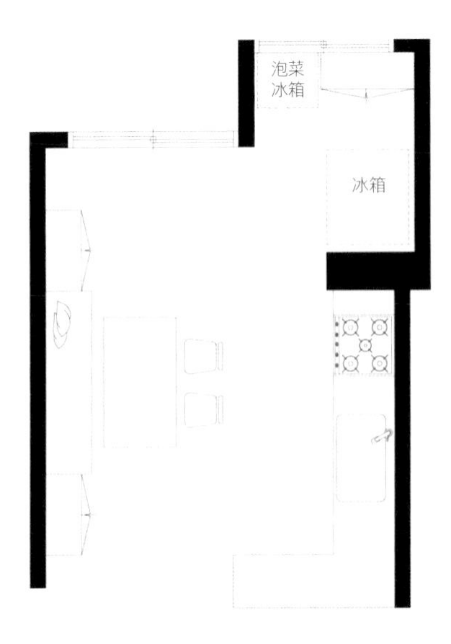

case 3
靠牆收納長椅保障餐桌空間

觀察外面的咖啡店或餐廳裡的餐桌擺設，可發現店家會以靠牆收納長椅爭取更多的空間，如果飯廳設計靠牆收納長椅，會比起使用獨立椅子減少約一半的空間，也就多了可以擺放餐桌的地方；在靠牆長椅的兩側有兼做隔間牆用的大型收納櫃，另外，靠牆長椅下方是有收納功能的設計，這才是名符其實的100%活用空間。

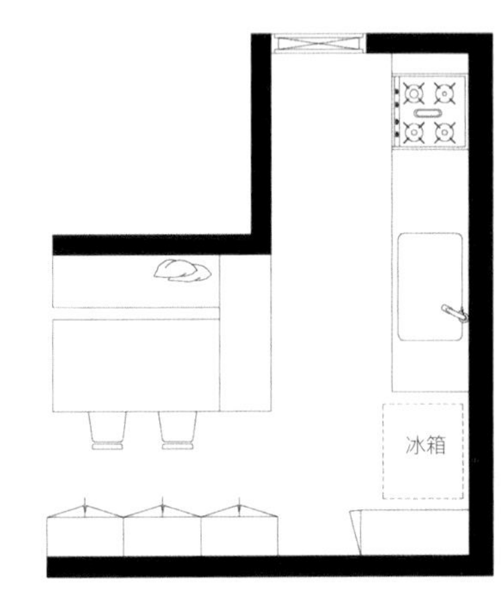

具有收納機能的餐桌椅

兩個大型收納櫃之間設計了靠牆長椅，把死角空間最小化，靠牆椅的下方則是收納櫃。

需求4

只有大坪數的公寓才有辦法設計吧檯嗎？

過去，吧檯可說是40坪以上的大坪數才能擁有的象徵物，不過，現在吧檯也是可以把小坪數變成大空間的新角色了。經過精心設計的吧檯，除了可當成最基本的隔間半牆，還可以當成餐桌跟料理台來使用，一次就可滿足眾多需求。

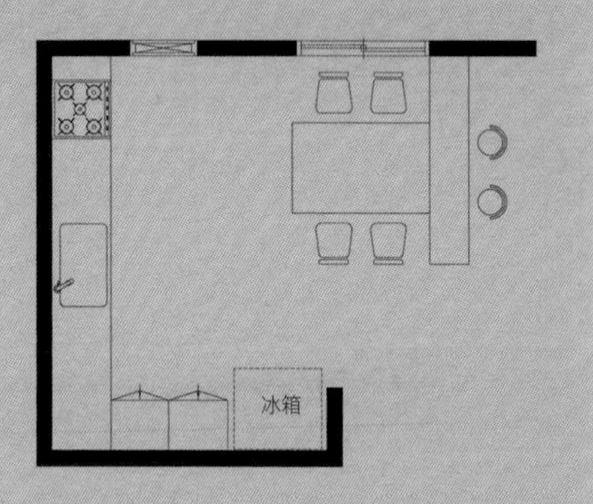

隔間半牆&吧檯

非常實用的一字型吧檯，從客廳看是隔間半牆，從廚房看就成了吧檯，側面設計了提升實用性的抽屜。

解決方案

適合所有坪數的神奇寶貝，善用吧檯設計

case 1

酒吧風格吧檯

將廚房的隔間半牆做成吧檯的樣子，可以設在廚房與飯廳之間，或者是飯廳與客廳之間，想設在哪就設在哪，可以把不同的空間區隔開來，有了家庭吧檯，你可以在這兒簡單用餐，也可以在這裡品嘗美酒，或者乾脆把吧檯當成咖啡廳，享受邊喝茶邊閒聊的悠閒時光。

非常寬闊的檯面

只要把檯面寬度加大就能當成餐桌使用，檯面跟吧檯主體之間的間接照明是另一項特點。

人造大理石檯面

吧檯檯面與吧檯主體側面切齊，擴張空間的效果顯著，是強調堅固性的設計，位於吧檯下方的櫃子，只能從廚房開啟。

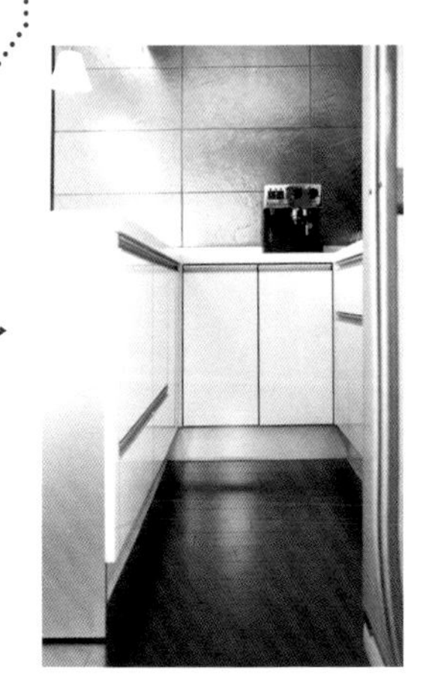

case 2
櫃檯式吧檯

打造L型或ㄈ字型半開放式廚房時，以櫃檯式設計把廚房包圍起來。檯面設計大一點，吧檯除了可做料理台，也能夠當餐桌使用。

case 3

獨立式吧檯

呈一字型或L型的獨立式吧檯，如果想利用具收納與隔間功能的吧檯把廚房另外隔成雜物間時，通常吧檯會設在原來的廚房位置或是飯廳裡。洗手台與瓦斯爐分開的吧檯可用來做餐桌使用，或者也可以拿來當料理台。

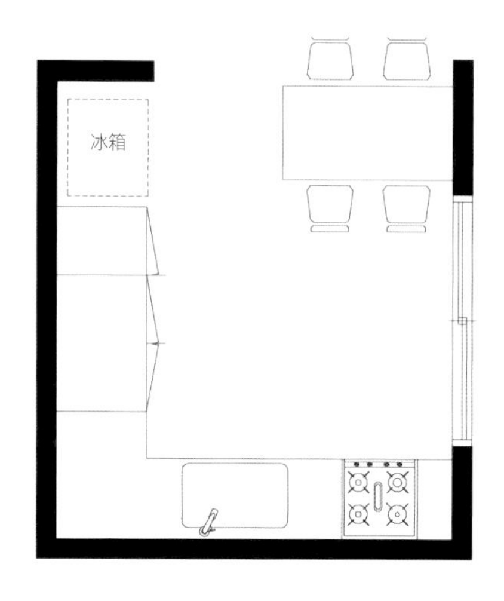

兼具餐桌與隔間功能

吧檯的高度恰到好處，可以拿來當餐桌使用，故意拉長的檯面是一項特點，製造了隔間的感覺，檯面跟吧檯主體之間的空間夠大，雙腳可以舒服擺放。

製作吧檯的實用情報

Director's Note

1 吧檯使用上不方便的理由？尋找最理想的尺寸。

家裡雖設計了吧檯，卻是英雄無用武之地？原因在於設計的時候忽略了實用性。雖說吧檯可以拿來當小餐桌使用，但等人真正坐上去的時候，才發現椅子跟吧檯主體之間的空間不足，雙腳不知道該擺哪裡，根本無法久坐在吧檯前，如果打算縮短吧檯寬度來解決這個問題，會連帶影響到收納空間，可以維持吧檯本體的寬度，加寬檯面，如此一來便有足夠的空間擺放雙腳了。

2 選擇鋪有軟墊的高腳椅！

椅子是多數人認為吧檯設計不夠人性化的原因之一，若選擇材質硬、狹窄的高腳椅，加上沒有支撐腰部的椅背，所以根本無法久坐，忍不住想念起餐桌的美好，既然如此，何不選擇鋪有軟墊，而且有椅背的高腳椅呢？雖然吧檯專用的高腳椅外觀很吸引人，為了能夠久坐，建議還是使用鋪有軟墊的高腳椅。

3 吧檯檯面的材質與顏色？

製作吧檯時，材質的選擇也是重要的一環，檯面通常以天然大理石或人造大理石處理，就經濟性與實用性來看，人造大理石似乎比較划算。

人造大理石：跟天然大理石比起來比較輕，施工也容易。由於基本版型夠大，可以按照所需的尺寸做裁切，就算需要拼接，也能透過拋光處理將接縫處隱藏起來，由於顏色跟紋路一致，可以維持統一的感覺。

天然大理石：笨重且施工不易。因為是天然石材，顏色均勻度不高，板型大小有一定的限制，施工完後有可能產生色澤不一的情形，而且會像磁磚一樣有連接縫；不過質感很高級，而且非常耐用，有投資的價值。

顏色：不管選擇人造大理石還是天然大理石，吧檯檯面的顏色都是以白色跟黑色人氣最高，如果選擇黑色，雖然看起來率性、高級，但缺點是刮痕很明顯，桌面如果產生刮痕，黑色會比白色來得顯色，日子一久，看起來會比較髒。人造大理石可藉由拋光把痕跡磨掉，天然大理石的表面則不容易進行拋光，如果你想選擇黑色，對以上所提到的問題需有心理準備。

4 雙門設計讓收納更貼心

吧檯最棒的地方是可以當收納櫃使用。但設計時如果不能將可用空間發揮到淋漓盡致，照樣是英雄無用武之地；吧檯最好設計成兩邊都能夠開門，不論在前面還後面都能夠輕易找到所需物品，整理起來也比較方便。

不藏私密技：開門時所需空間

測量吧檯尺寸時，需事先量好門打開的所需空間，確認打開吧檯底下的櫃子時，是不是有足夠的空間讓你尋找物品。萬一發現空間不夠，無法打開櫃子，這時可以把門片的設計拿掉，改成開放式的櫃子即可，如果是ㄈ字型吧檯，更是要留意吧檯下方最少所需的空間與門片尺寸。

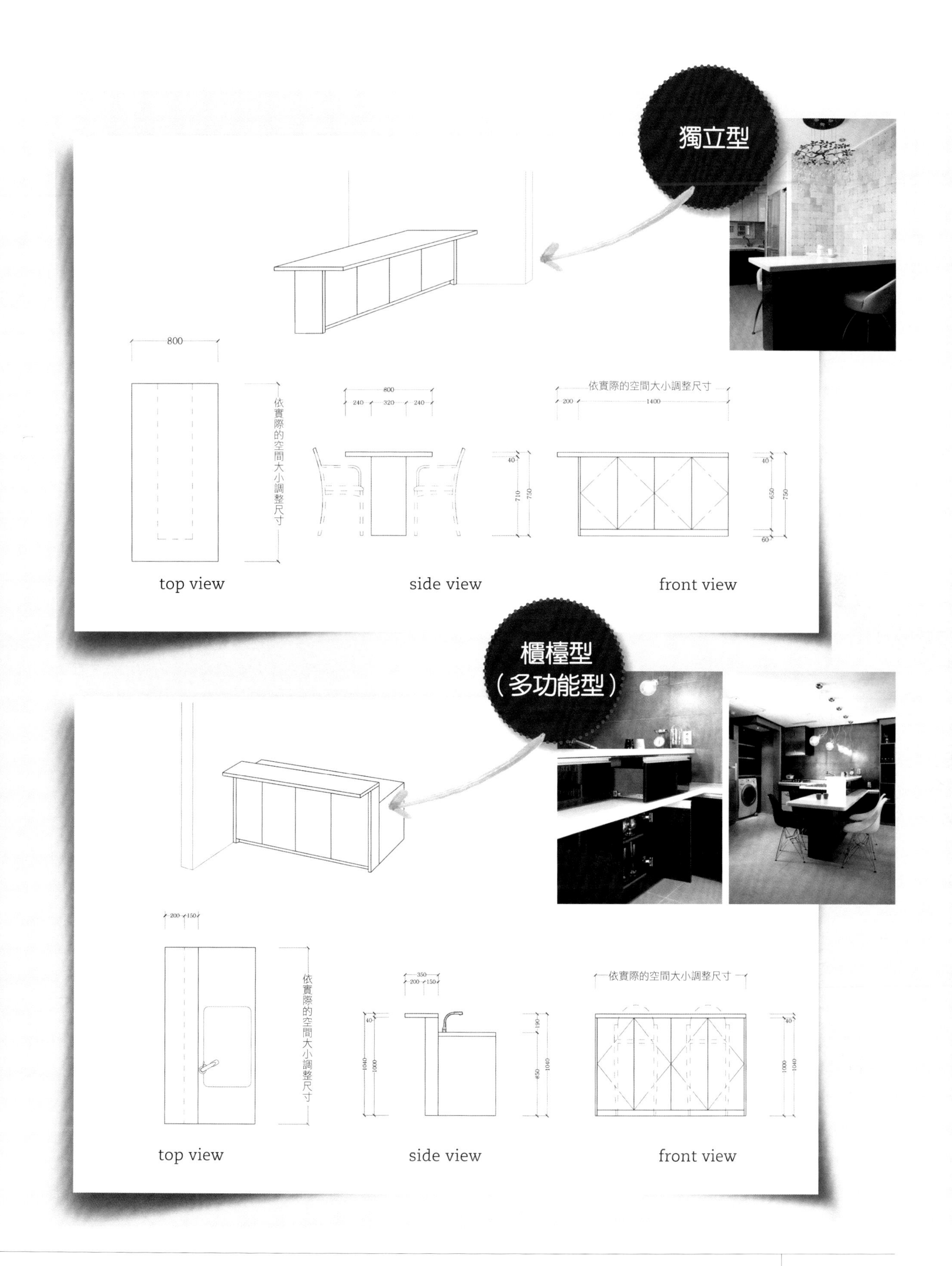
獨立型
800
依實際的空間大小調整尺寸
top view
side view
front view
櫃檯型
（多功能型）
依實際的空間大小調整尺寸
top view
side view
front view

需求5

為什麼收納空間總是不夠用？

「明明是新房子，收納空間怎麼會這麼不夠用呢？」連一些剛入住到有雜物間與小廚房的中、大坪數最新型公寓的主婦都這麼唉聲嘆氣！其實一開始我以為這些抱怨只是無病呻吟，等到我實際到現場勘查時，這才了解為什麼會有這些怨言。除非你是「收納女王」，能把家裡整理得像軍隊一樣井然有序，否則也只能對不充足的收納空間搖頭嘆氣；如果要解決廚房的收納，最好的點子就是訂做收拾跟尋找物品時能夠非常得心應手的收納櫃。

不藏私密技：收納空間無所不在

改造廚房時，大型收納櫃的確比較派得上用場，但不代表一定要捨去上櫥櫃的設計，如果真的打算拿掉上櫥櫃，也要事先確認是否有足夠的空間擺放大型櫥櫃。雖說公寓的格局千篇一律，但總是會有例外，畢竟每個家庭主婦的喜好跟家庭規模也不盡相同，這是值得注意的一點。

解決方案

製作能收納所有東西的多功能收納櫃

case 1 擺放使用度高的大型收納櫃

改造廚房時，首先需考量到的就是收納櫃，許多人在設計半開放式廚房或將廚房移到合併後的雜物間時，會擔心收納空間跟著減少，其實就現實的層面來說，雜物間的功用充其量只是堆放存放物品，不會每天需要到雜物間拿取物品；在設計半開放式廚房時，如果拿掉上櫥櫃，總會讓人以為形同扼殺了收納空間，仔細想想，我們幾乎只用手摸得到的空間，需要墊張椅子才能搆到的部分，就不太會用到了，最好的方法就是在廚房的牆面上擺一個大型收納櫃，改變廚房位置或進行擴張時，會發現總有一面牆會完全空出來，這空出來的位置上如果能設計一個大型收納櫃，空間看上去除了更加整齊，收納問題也可迎刃而解，變得輕鬆容易，要是沒有空出來的牆面，也可以活用半牆來克服這個問題。就30坪的住宅來說，把雜物間跟廚房打通，把廚房移到雜物間的位置後，可以在飯廳與廚房之間立一道隔間牆，這麼一來就有能夠擺放大型收納櫃的位置了。在改造廚房格局時，建議把收納功用的大型收納櫃一併規劃進去，一開始就先騰出擺放大型收納櫃的空間。

tip 大型收納櫃，先考量使用目的後再進行訂做

先規劃要放在哪、預計收納哪些物品後再進行訂做是最有效率的，因為收納櫃的尺寸跟擺放位置會隨著物品的大小而改變，收納櫃使用起來最方便的深度為35～50公分，如果深度過深，拿取物品會比較不方便，相對的實用性就會降低，建議每一格皆擺放同種類的物品，除了好整理以外，使用起來也比較方便，如果希望烤箱跟電磁爐採嵌入式的設計，需考量是在否伸手可及的範圍以及配線等問題。

tip 設計大型收納櫃來掩藏空間狹小的問題是要領

很多人可能會覺得空間已經夠小了，如果再擺一個大型收納櫃，豈不是會有壓迫感，如果廚房夠寬敞當然不成問題，萬一空間比較小，這的確是有可能性的，所以為了緩和這樣的缺點，將大型收納櫃擺在牆角、牆柱之間是比較明智的做法，換句話說，在家裡的死角處擺上大型收納櫃，便可滿足視覺上或者空間效率上的要求，另外設計深度跟寬度不同的收納櫃，也可以幫助緩和看起來有壓迫感的缺點，兩個高度相同但深度不同的大型收納櫃，從側面看上去會比較活潑，且有節奏感，讓空間更加活潑生動。

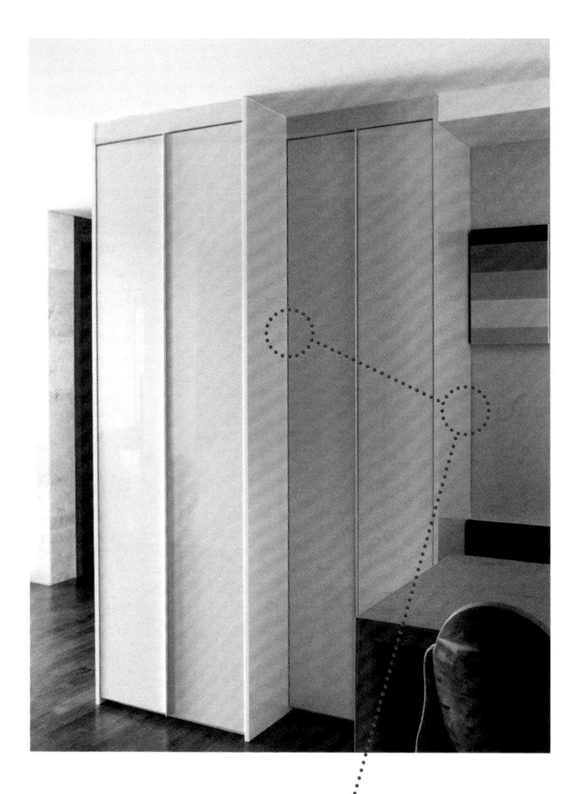

讓收納櫃產生深度的落差

大型收納櫃有可能會造成視覺上的壓迫感，可發揮「巧思」，利用收納櫃彼此深度的落差讓視野開闊。不過要注意，收納櫃如果設計得太深會降低實用度。

白色看上去很整齊

緊貼牆面的大型收納櫃其實也算得上是一面牆，如果想讓空間看起來更寬敞，白色是比較安全的選擇。

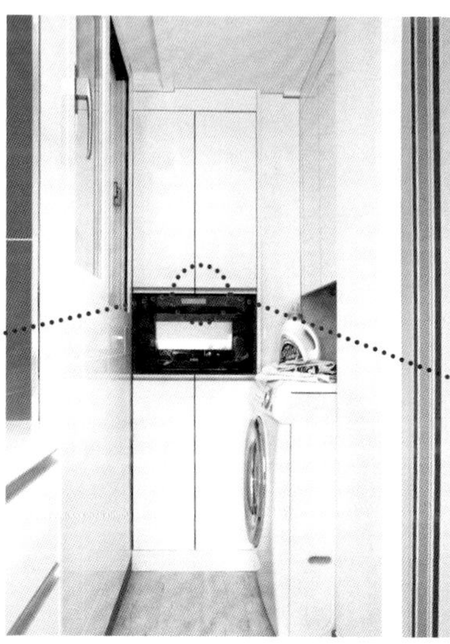

用途決定收納櫃的大小

為了確實達到收納的效果，需事先決定收納櫃的用途，先了解要收納的物品跟數量，再依所需量身訂製收納櫃，使用上會更加方便。

case 2

上櫥櫃最好在伸手可及的範圍內

不管是誰，總希望收納的空間越多越好。其實改造廚房時，可以不必堅持一定要有上櫥櫃，仔細想想，在日常生活中上櫥櫃並不常使用到，而且裡頭的物品有一半以上也不是必需品。有鑑於此，改造廚房時大可省略掉傳統上櫥櫃的設計，只要在伸手可及的地方訂做淺櫃即可，這樣可以增加櫥櫃的使用頻率，也會有擴大空間的視覺效果。

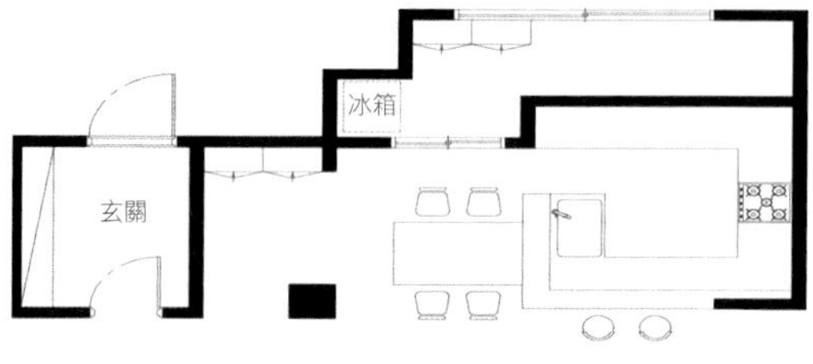

有學問的上櫥櫃

幾乎快碰到天花板的傳統廚櫃使用率其實沒有很高，由於是手摸不到的空間，所以裡面堆了許多平時用不到的物品，量身訂做伸手可及的淺櫥櫃，除了功能一應俱全，在視覺上，廚房看起來會更加寬敞。

→ backpaint Glass
color : Deep Gray.

Living room

客廳，
是家庭的多功能空間。

佔家裡最大面積，同時也是生活中心的空間非客廳莫屬了，是所有的家庭成員皆可使用的平等廣場，也是隨時都有可能招待客人的開放空間。大概是因為這樣，幾乎每個家庭都希望客廳可以更寬敞一點，最好能好好把客廳打扮一番，讓客廳可以隨時「見客」。如果希望給家人一個放鬆、舒服的空間，客廳也絕對是不二之選；有了以上的期待，客廳於是成為布置的焦點，總是想把客廳裝潢得最漂亮、最大器。

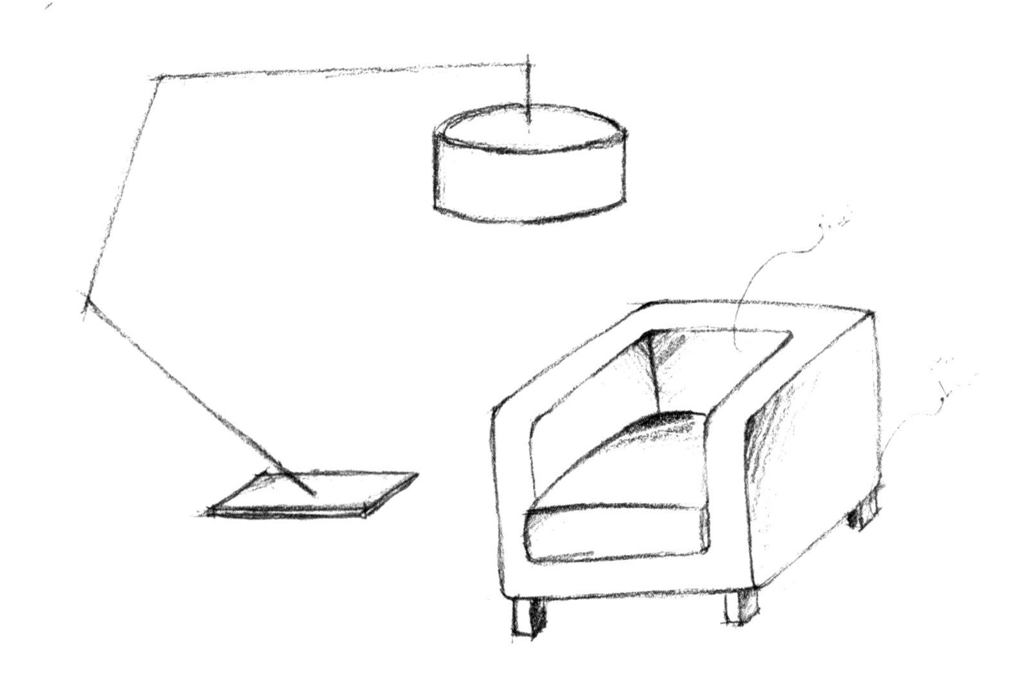

「怎麼說也是整間房子的門面，想把客廳弄得漂亮一點。」

「其實客廳跟車子的意義是一樣的。」是一個對外公開的空間，所以務必要布置得美輪美奐才行。

「客廳太容易『撞屋』了。」

「不管拜訪哪個家，映入眼簾的景色簡直如出一轍。」掛在牆壁上的電視，對面擺放了三人用的沙發，就連自認為對布置下了苦功的家庭主婦，走進鄰居家一看，這才驚覺原來除了電視跟沙發的款式有些不同外，格局形式簡直跟自家一模一樣。就算是有獨特的審美觀，也不代表能造就出別樹一格的客廳，對重視實用度的現實派來說，會希望客廳是個涵蓋多種機能的文化空間。

改造客廳時，須確認的事項

生活方式

☐在客廳主要進行哪些活動？
☐使用客廳的時間？
☐有沒有特別要求客廳兼備的功能？

硬體診斷

☐是否會裝電視跟視聽設備？
☐客廳裡家電用品的種類跟大小？
☐沙發跟桌子的設計與大小？
☐窗戶處理（窗簾、捲簾、百葉窗等）？
☐牆面上是否會掛畫作、照片？
☐照明的種類？

裝潢與格局

☐是否合併陽台的空間？
☐如果要進行合併，那麼多出來的空間要做什麼用？
☐合併後的空間，是否要進行暖氣跟隔熱工程？
☐需要收納空間嗎？

需求1

從公式化的配置破蛹而出

望著燈火通明的大樓，不一會兒就能捕捉到有趣的畫面，不管是哪一戶人家，客廳的一邊擺著電視，電視的對面一定擺放了沙發，每個家的客廳幾乎長得一模一樣，屋內的人坐在同一個地方，視線也集中在相同的方向，每一個樓層都上演同樣的戲碼，還真是壯觀！電視跟視聽設備永遠只能擺在一樣的位置上，這或許是客廳的宿命，也是屋子的界限，住的人如果因此而認命遷就的話，內心多少會有些遺憾。現在你不用為此傷心了，因為解決的方法易如反掌，只要跳脫公式化的羈絆，就可以擁有與眾不同的客廳，只要拋開老是圍繞著電視的客廳布置想法，就能找出另一片天地。

在客廳跟廚房之間立一道可做隔間用的電視柱

如果是壁掛式的電視，可以考慮使用電視柱，外面沒有賣現成的電視柱，需要請廠商訂做。裝設電視柱之前，需事先規劃好電線的行徑路線再加以固定，電視懸掛的位置視電視與沙發的距離以及視聽者的眼高而定，因此在經過種種精確的計算後，才能開始製作電視柱。如果把電視柱設在客廳與廚房的界線上，則又多了一個隔間的功能，可謂一石二鳥；對一個20坪大小的住宅來說，客廳的空間看起來能更寬敞，如果合併了陽台空間，那麼即使擺放大型電視，也能保持基本的最佳觀賞距離。物間改造成飯廳，輕鬆擁有廚房&飯廳。

解決方案

擺脫老是以電視為主的格局

case 1

電視柱，隨你愛擺在哪就擺在哪

電視大概是客廳文化的焦點吧。大部分的家庭由電視負責擔任家人之間的對話跟娛樂媒介，所以客廳的設計，也不得不以電視為主了，對於不重視電視的家庭來說，或許又另當別論，如果將電視視為必備品，從現在起對眼睛專注的焦點做些變化吧，電視並不是非得要靠牆才行，不必為了迎合電視的擺放位置大費周章多設計一面牆，最輕鬆的解決方法，就是使用可以懸掛電視的柱子，跟以往把電視懸掛在牆面上的方法比起來，電視柱可以移動到任何你想要的地方，電視柱說穿了是一種可以懸掛電視的狹長型半牆，這根柱子的所在之處，就是裝設電視的地點，既然擺放電視的位置不受空間拘束，沙發的位置排列自然就能更加隨心所欲。

利用壁板把電線配到電視柱上，以無線施工打造整齊的客廳。

ex2 把客廳變身成家庭劇院

投影機裝在天花板上，布幕則裝在客廳跟廚房的交界面。

ex1 呈現出慵懶氛圍的客廳

如果你家的廚房餐桌跟櫥具之間的空間沒有了電視，沙發的擺放位置也自由了，客廳半窗底下設計了具收納功能的長椅，跟3人座沙發相映成趣，中間的單人扶手椅，散發慵懶舒適的氣氛。

case 2

拿掉電視，讓風格活潑起來

最近的人拋開了客廳一定要有電視的傳統觀念，為了子女的教育，家裡乾脆不擺電視已經是稀鬆平常的事，加上各式多媒體的登場，電視已不再是客廳的必備品。取而代之的，客廳裡只擺放了沙發跟書櫃，呈現舒適慵懶的風格，或者直接安裝家庭劇院，讓客廳成為跟家人分享的空間，一旦沒有了電視，老是以牆面為重心的沙發，在排列上產生了許多變化，打造了全新的格局，單單拿掉一台電視，可自由布置的客廳便成了注目的焦點，要不要試著尋找適合你家的點子呢？

tip 打造家庭劇院客廳

如果想把客廳打造成家庭劇院，得先決定螢幕跟投影機的位置。先抓出螢幕跟視聽者的最佳觀賞距離是很重要的，如果是30坪以上的住宅，加上客廳跟陽台空間合併的話，通常要保持觀賞距離是沒問題的；沙發如果放在擴張面，螢幕只要裝在對面最遠處即可，如果是這樣，螢幕通常會裝在客廳跟廚房的交接處，或者乾脆裝在走道的天花板上；也可以反過來，把螢幕裝在陽台擴張面，沙發則擺在螢幕正對面，或者直接以螢幕為中心，沙發分別擺在兩側。

需求2

想整合居家辦公室&書房

除非家裡已經大到不像話，否則不管是誰都會想充分利用像客廳這樣寬敞的空間；先掌握在客廳主要進行的活動，等機能定位完後，再依照機能性質打造所需空間。許多家庭在裝潢房子時，為了讓子女有良好的學習空間，會把客廳整合的焦點放在成為書房、家庭主婦們專屬的小型工作室，或是可供全家人使用的圖書館。

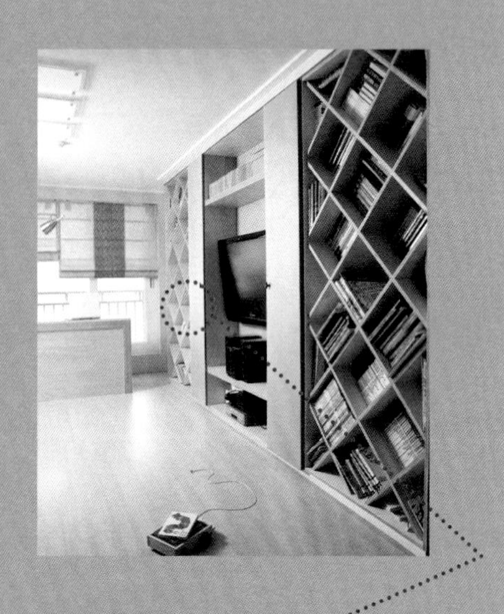

實踐遮蓋美學的書櫃

書櫃上參差不齊的書本，看起來多少會有些凌亂，為了解決這個問題，在書櫃上安裝門板是最有效的方法，利用門把凌亂的書本全部遮蓋住當然是最完美的，或者設計成半開放的形式，只擋住一半的書櫃也無妨，端看個人的喜好決定。如果空間夠大，不管哪種方法都無關緊要，如果空間有點窄，因為櫃子門在視覺上會有點沉悶，所以建議採用半開放的形式。

解決方案

積極活用壁櫥家具與隱形空間

case 1

以壁櫥式書櫃打造的書房型客廳

仔細想想，家裡沒有比客廳還要適合擺放壁櫥式書櫃的地方了，客廳除了是家中最寬敞的地方，隨手把書本放到書櫃上，看起來就很有設計感，製作客廳裡的壁櫥式書櫃時，首要先決定擺放的位置，再進行款式的設計。

製作開放式書櫃時，根本不用顧慮到是否要動到電線、開關，只要沿著牆面製作出可以擺放書本的書櫃就大功告成；只要在設計書櫃時多花點心思，就能完成美觀與實用兩者兼具的書房型客廳。另外，要是想要可收納電視跟視聽設備的開放式書櫃，在設計書櫃之前就必須事先決定好電視、電線以及照明開關位置，值得留意的是，條件上的限制越多，也會影響到書櫃的設計，除了製作費用會增加以外，交期也會比較長。

客廳整面牆壁設計了一個原木書櫃，中間設有抽屜，讓客廳看起來更加整齊是個重點。

利用翼牆製作書架

利用牆與牆之間的空間，搖身一變成為居家辦公室，利用牆與牆之間的深度差，構成書架跟書桌的幅寬，看起來就像是空間的一部分，渾然天成。

刻意讓書桌跟柱面同色調

打通陽台後，在承重牆後面的空間訂做合適的書桌，如此一來書房便完成了。書桌跟承重牆的顏色相同，可讓空間看起來整齊劃一，更有整體感。

case2

陽台空間化身為居家辦公室

仔細觀察陽台擴張面，不難發現承重牆跟窗戶之間會產生一個角落空間出來，如果能善加利用這種畸零空間，就能打造出閑靜的居家辦公室；依照陽台擴張面的空間尺寸搭配合適的書桌跟椅子，完成了麻雀雖小，五臟俱全的居家辦公室。

盡可能選擇小巧、設計簡單的辦公家具

打算放在客廳的辦公家具，大小盡量不要超過原來陽台的寬度，盡可能選擇小巧精緻、設計簡單的款式，除了與客廳相容之外，也不會破壞整體空間的均衡感。

case 3
利用空間分割打造書房

可利用客廳隔間牆的另一面打造書房或小型辦公室，關鍵在於需將小型辦公室與客廳的面積做適當比例的分配，2000年中半期以後出售的公寓，買主可選擇要不要把客廳跟相鄰的房間打通，或者是否要改建成其他用途的房間，這些可在入住前先做好決定，除了使用隔間牆，也可以藉由沙發的排列方式隔出小型辦公室的格局，在沙發跟牆面之間隔出一片空間，在空間內擺放書桌跟椅子也是個方法，當然上面提到的方式，最好是使用於50坪以上的空間，除了可讓客廳氣氛煥然一新，也能提高空間的活用度，是一個值得嘗試的好點子。

以機能性隔間牆打造成的書房

可當成雜物間使用的客廳附屬空間，在旁邊立了一道隔間牆，形成了書房，另外隔間牆的下方跟側面都有設計收納櫃，除了提高實用性以外，亦增添了幾分裝飾效果。

需求3

想打造一個複合式多媒體房間

想在客廳裡看電影，玩電腦跟聽音樂，要把那麼多的硬體設備擺在同一個地方嗎？到時候電線一定會亂七八糟。話說回來，家裡最寬敞的空間如果還達不到我們的使用需求，也是夠讓人鬱悶的，最好的解決方法就是在客廳設計隱藏置物櫃，讓複合式多媒體房間可以有井然有序的演出。

解決方案

所有機能集中在同一個地方製作系統收納櫃

讓客廳機能更豐富，重新成為矚目焦點的法寶，就是系統收納櫃。系統收納櫃可以把電視櫃、收納櫃、書櫃全都集中在同一面牆上，如果是可懸掛式的輕薄液晶螢幕，在原本只放置電視底座的位置上，設計多功能系統收納櫃，可以一次收納客廳裡所有用到的硬體設備。不使用的時候就把系統收納櫃的門闔起來，讓客廳看起來更加整齊清潔，在系統收納櫃的一邊可以多設計一張電腦桌，輕鬆解決居家辦公問題，訂做系統收納櫃之前，記得先行確認所需的架構。

電線一定要好好處理

製作隱形置物櫃之前，第一步先決定電線、插頭位置，再來決定電視、視聽裝置、電腦、音響等家電用品的擺放處，最後再依上述位置條件設計適合的書桌與收納空間，如果沒有好好規劃電線路徑，而讓電線裸露在外，空間看起來會非常凌亂。

可巧妙遮蓋住電視的滑軌門

擺放了電視、音響、書本的收納櫃看起來或許會很凌亂，權宜之計就是把一部分的收納空間遮蓋起來，滑軌門就是很實用的選擇。而讓電線裸露在外，空間看起來會非常凌亂。

該怎麼製作系統收納櫃呢？

Director's Note

how to: 1 跟家具行訂購

這是取得系統收納櫃最簡單的方法。不論是家具行還是DIY連鎖店都有多種規格的收納櫃，門的材質跟顏色五花八門，可以自己做搭配，買來後直接裝上即可，櫃子本身的價格以尺為單位計價，門則以個數計價。

優點 有樣品，所以可輕易找出與居家風格搭配的款式，價格也很合理。

缺點 需要在有限的款式中做挑選，在搭配上有些受限，高度、長度跟收納格數無法完全依照實際空間設計，所以常會浪費空間，需要擺放在沒有對講機或開關的牆面，這一點比較礙手礙腳。

推薦 對不想施工，又希望價格合情合理的人來說，買現成的比較划算。

費用 一個3公尺高的櫃子平均要41,000～52,000元。

how to: 2 直接繪圖訂做

可以帶著草圖直接請專門製作壁櫥的廠商、家具店，或者櫥具行訂做。就我的經驗，請櫥具行幫忙製作是最經濟實惠的，因為櫥具行通常會上一層UV油漆，優點是可以做出基本，也較現代的款式。

擺放電視的架層寬度最少需要35公分以上，這樣的寬度中心很穩，放置最近推出的平面電視也不用怕會翻倒。其實在DIY裝潢的時候，要自己畫出正確的草圖是很難的，訂製系統收納櫃之前，可以跟商家拿型錄或廣告當參考（通常上面都有正確尺寸），然後再比對實際所需的空間，如此就能得到令人滿意的結果。

優點 可依希望的尺寸跟模樣做設計。

缺點 跟現成品比起來比較貴。

推薦 適合想要一個合尺寸，功能又符合需求的系統收納櫃的人。

費用 一個3公尺高的櫃子要價約7,7000～100,000元。

以紅色圓點壁紙裝飾電腦收納櫃滑軌的門片。

不藏私密技：用壁紙裝飾

請木工製作時，可設計成用壁紙來裝飾系統收納櫃門板的款式，因為這樣的設計，可以隨時隨地更換想要的花色。有一點不要忘記，門板設計成跟壁紙同寬，將來更換壁紙的時候會比較方便；如果你在修整房子時也打算製作一個客廳系統收納櫃的話，事先了解包商的施工進度，在包商到來時，可以交代他幫忙貼上你想要的壁紙。

how to: 3 請木工在現場製作

如果你希望系統收納櫃能夠跟客廳合為一體，最好的辦法是請木工到你家直接丈量跟製作，請木工到家裡丈量製作，一定會幫你把電線整理得乾淨俐落，而且也能夠直接在收納櫃上規劃好牆面上開關跟對講機的位置。

想請木工直接到家裡丈量製作時，這裡所提的系統收納櫃跟傳統的櫃子不同，因為系統收納櫃是整個嵌入牆壁裡的，因此看起來就像牆壁的一部分，視覺效果非常好。（如果是買成品或在外面訂做，這樣的系統收納櫃說穿了只是一個大型櫃，如果是請木工到家裡量身訂做，櫃子頂端一定跟天花板的線板切齊，這樣才有嵌入式的效果，空間也會比較省）不過因為「工程」比較浩大，可以趁家裡大翻修的時候順便做，如果只是想安裝系統收納櫃，恐怕會覺得負擔。

優點 因為會先衡量空間的優缺點後再進行施工，所以施工完畢後，就像牆壁的一部分般渾然天成。

缺點 價格不斐，而且如果要搬家的話無法一起帶走。

推薦 會住五年以上的房子再考慮製作。

費用 3公尺高的櫃子大約130,000元。

office door

在多功能系統收納櫃的另一邊擺上電腦，就是一個迷你辦公室。建議安裝滑軌門，不用電腦的時候就把門闔上，看起來會很整齊。

情境製造機

由於系統收納櫃占了一整面牆，因此收納櫃上的門板可以說是客廳的第二道牆，能左右居家整體氣氛，挑選能給人祥和、靜謐感的素材。

bedroom

臥室，休息與私生活共存的空間

拖著疲憊的身軀走回家的路上，心裡只想著房間裡那張柔軟舒適的睡床。臥室是我們一天的開始與結束，最近臥室的風格已經從過去注重寢具的「外貌至上主義」脫離，著重可以平靜休息的空間，反映出現代人尋求安穩休息的生活型態。

「希望能跟飯店一樣舒適」

「希望能跟飯店的房間一樣，好像只要躺在床上，就什麼事情都能迎刃而解。」可以躺在床上觀賞電視，夫妻可以各自開關電燈，好像再也不會為了雞毛蒜皮的事吵架了。

「臥室裡想要梳妝室跟收納櫃」

「希望臥室可以寬敞一點，如果只放一張床好像有點可惜，如果我還想放梳妝台跟衣櫃，該怎麼辦呢？」如果可以在臥室看電視，還有穿衣間跟喝茶的桌椅，我就很滿足了。

「床到底該放在哪呢？」

「因為多規劃了梳妝室跟穿衣間，能夠擺放床的空間就被限制了，我現在真的不知道該把床擺在哪裡。」要打破臥室千篇一律的格局還真不是件簡單的事。

可以安穩睡覺休息，就算發懶不想動也能夠被寬恕的空間，如果你想擁有一間能夠擁抱舒適的臥室，那麼請仔細注意接下來我對臥室裝潢的一些提議，以下是兼具實用性與方便性的〈趙喜善表格〉。

改造臥室時，須確認的事項

生活方式

□睡眠的時段？
□在臥室主要做些什麼事？在什麼時段？
□有沒有特別要求臥室兼備的附加功能？

硬體診斷

□是否安裝電視跟音響設備？
□打算放在臥室裡的家具種類跟大小？
□窗戶的處理？（窗簾、捲簾、百葉窗等）
□是否會懸掛照片跟畫作？
□照明的種類？

裝潢與格局

□需要把臥室跟陽台打通嗎？
□打通的用途？
□合併後的空間，是否要進行暖氣跟隔熱工程？

需求1

想在床上解決所有事情

只要躺在床上，就會一點也不想離開床鋪，這是人之常情。好想就這樣賴在床上看書，看電視跟聽音樂，但是真的有那麼簡單嗎？光是放一張床就已經有點勉強了，哪有地方擺電視？看書看到一半睡意來了，想要關燈睡覺時，卻還要起身走幾步路去關燈……開始懷疑臥室是否真的是我的專屬空間，小小的問題，卻帶來大大的不方便，此時，腦海裡浮現了一個地方，那就是飯店。以睡眠為重心所設計的飯店房間，結合了所有的便利設施，這樣的房間不就是理想臥室嗎？請想像一下，能不能把你家的臥室打造得跟飯店一樣呢？

解決方案

以飯店房間為目標

case 1

懸掛式電視搭配床的配置

不管你的臥室有多小，有了懸掛式的電視，一定可以滿足在房間裡看電視的願望。只要事先量好當你在坐著、躺著時的眼睛高度與視線，把電視掛上去就行，不需要額外的家具，也用不到額外的空間，輕輕鬆鬆就能打造跟飯店一樣可以看電視的臥室；但是，床的對面必須要有空牆，電視下方可以放一些視聽娛樂設備的壁架，讓空間看起來整齊俐落。

tip 懸掛式電視需要做無線施工

裝設懸掛式電視既可以節省空間，外觀上看起來也比較整齊，如果要讓成果更完美，必須先進行無線施工，換句話說，就是要把電視跟喇叭的電線藏在牆壁裡面。這些工作必須請專業的木工、水電工完成，在裝潢之前，別忘了先確認此項施工的日期再進行連絡。

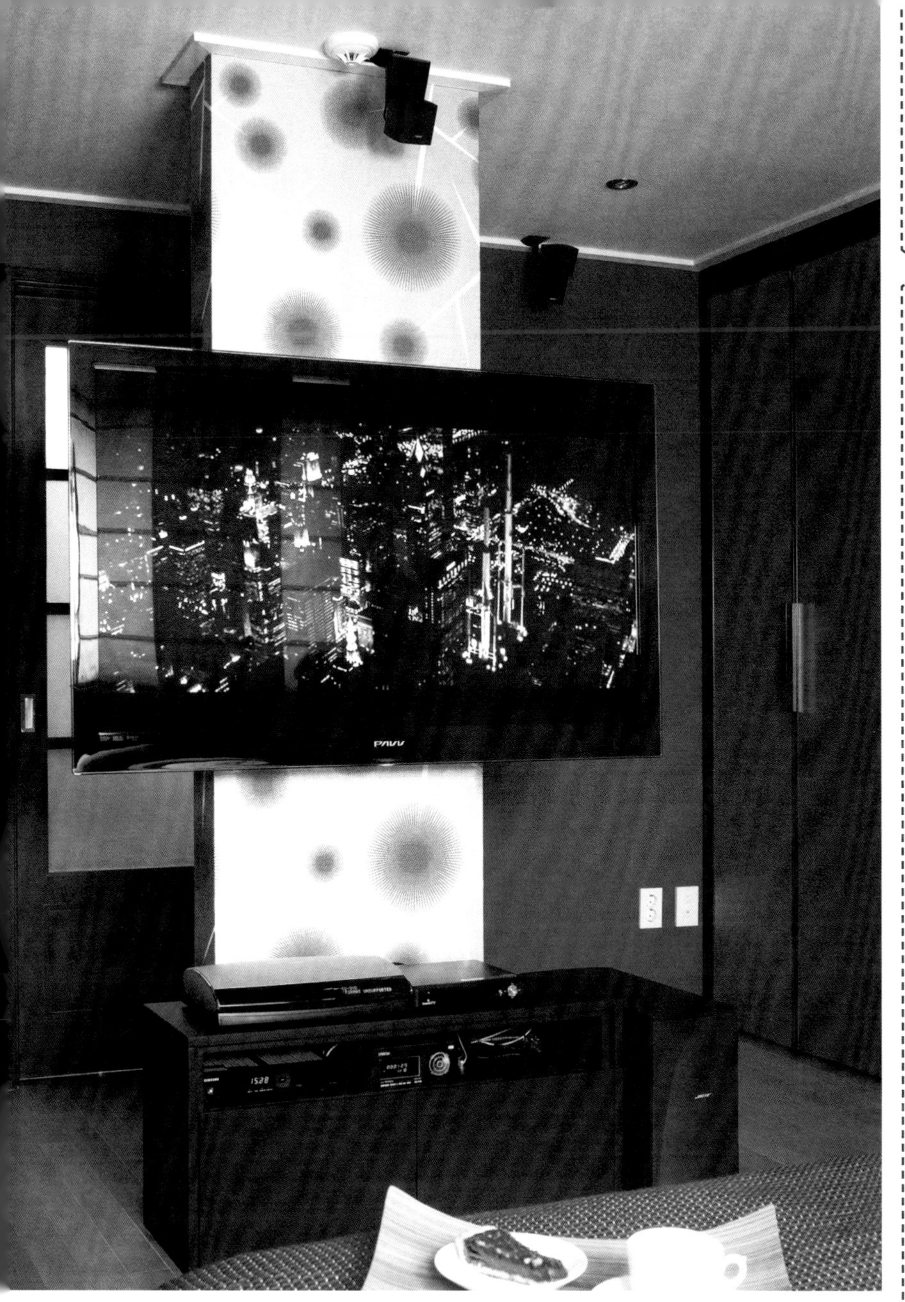

case 2
床的正對面設計電視柱

如果正對床的牆壁上沒有多餘的空間懸掛電視，改裝設電視柱也是個不錯的點子（參考客廳改造實例），不過前提是臥室的空間必須很寬敞，由於水電跟木工的施工時間會比較久，所以費用也會增加。

case 3
床頭兩側裝設輔助照明跟開關

為了打造舒適、安靜的臥室，床頭兩側的照明跟開關是必要的。特別是兩人共用的臥室，因為兩個人的就寢時間也許不同，所以非常需要這種設計；床頭兩側設計電源插座是非常方便的，也可用來替手機與MP3等電子產品充電，增加電源插座需要請專業的水電工跟裝潢木工過來施工，特別是跟水電相關的施工，一定要委託專業人員處理。

tip 吊燈跟壁燈很實用

大部分的人會在床頭兩側擺放床頭燈，但其實並不是很實用，一來床頭燈很容易掉到地上，再來，如果電線沒有收好，房間容易看起來凌亂。如果改裝設壁燈或者從天花板上垂下來的小型吊燈，就能克服標準床頭燈所帶來的不便，雖然需要重新配置電線，費用會比較高，但是考量到便利性與美觀，還是有投資的價值。

需求2

想要有穿衣間&收納空間

以前，有壁櫥的臥室是很令人羨慕的，但最近的新型大樓都改附穿衣間，開放式的穿衣間除了可以收納衣服，拿取衣服也相當方便，於是大家對穿衣間的渴望也就越演越烈。現在打開臥室的門，再也沒有阻擋視線的壁櫥，只有默默窩在一角的穿衣間。

兼做收納用途的隔間牆

在臥室立一道隔間牆，牆後的空間做成穿衣間。隔間牆的上方設計了方便空氣流通的開口，在另外隔出來的穿衣間入口裝設隱形門，成為完全獨立的空間。

解決方案

活用隔間牆 創造多功能空間

case 1

利用隔間牆打造穿衣間

只要有隔間牆，就能變出新空間；把陽台跟臥室打通後，在臥室與陽台的交界處設計一字型或L字型的隔間牆，並額外加裝可讓人出入的門或入口，如此一來隔間牆後方就是一個新天地了。另外，可沿著原來的牆壁或隔間牆的牆壁，設計整體的收納系統，如此一來就變成開放式的穿衣間。不用跟陽台打通，也可以打造穿衣間，只要在原本要擺放櫥櫃的地方立一道隔間牆就可以了。值得注意的是，在立隔間牆之前，要先掌握床的尺寸、位置等資訊後，再畫精確的圖面，如果只顧著隔出穿衣間，沒有事先考慮床的擺放空間，那很有可能會因為床塞不下而白費力氣。

case 2

利用機能性隔間牆，打造收納架與書房

如果你想讓隔間牆內的空間發揮最大效用，那就增加隔間牆本身的機能。也就是說，讓隔間牆不單單只是具有隔間效果；在隔間牆上裝設壁架，打造收納系統，也可以設計壁櫥式書桌或梳妝台，變身成小型辦公室或梳妝室。

不藏私密技：隔間牆的最小尺寸

製作隔間牆時，需先抓出最小尺寸後再進行設計，隔間牆厚度最少需要60公分，考量可供人進出與要放的物品尺寸後，再設計隔間牆上的入口大小。另外，隔間牆後面的空間，最少需要90cm以上的寬度，衣架、壁架的長度與寬度，以及人行走的動線都要仔細做計算。

1、2 當作床頭板的隔間牆另一面設計成開放式收納櫃。
3、4 位於陽台與臥室之間的隔間牆可以拿來當床頭板，隔間牆的另一面則活用成開放式穿衣間。
5、6 除了把隔間牆拿來當床頭板，另一面打造成梳妝室。

需求3

好想改變臥室的格局

大部分的臥室跟客廳一樣，格局被限制得死死的，不是寢具全部往一邊的牆面靠，就是跟陽台並列，已經形成一種約定俗成。寢具的排列了無新意，就算換上新油漆跟照明，還是擺脫不了舊印象，難道寢具的擺放位置，變不出新把戲嗎？

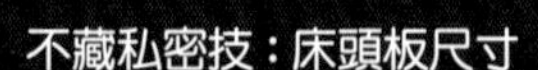

不藏私密技：床頭板尺寸

長跟寬依照房間的大小做調整，裁成(W)×500(D)×1,600(H)公釐，雖然隔間牆的尺寸很重要，但是隔間牆後預留空間的寬度更重要，最小都要留60～80公分，才不會影響到門的開合與人員走動；先抓出最小尺寸60～80公分，再調整隔間牆後的預留空間大小。

解決方案

放棄老是靠牆的擺放方式

case 1

以窗戶為中心，將床擺放在房間中央處

如果你希望有嶄新的氣氛，可以試著把床擺在窗戶底下，也就是說床頭板靠窗擺放，床擺放在房間的中央，當你打開臥室的門，就能看到床正面對著自己，耳目一新的風景就誕生了！床的兩側產生了動線，使用起來更加方便，而且空間看起來也比較寬敞。

tip 可抵擋冷風，增加安全感的隔間牆

雖然想把床頭板擺在窗戶底下，但是仍然非常猶豫，因為擔心天氣冷的時候冷風可能灌進來吹到頭，這是很合情理的考量。為了彌補這樣的缺點，我建議製作一道隔間牆，擋住一半的窗戶，這個辦法對落地窗跟陽台打通的臥室特別有用；先預留窗戶開閉時所需的空間，再做一道隔間牆把窗戶的一半遮擋起來，如果臥室裡的窗戶只是一般的半高窗戶，就沒有製作隔間牆的必要。另外，要是想讓窗戶跟床之間保持一段距離，可以製作跟窗戶等高，或者略高的隔間牆，也能呈現出寧靜祥和的氣氛。

case 2

用隔間牆當床頭板

如果善加利用隔間牆，寢具的擺放格局就能有五花八門的變化；如果一開始是為了打造穿衣間才製作隔間牆的話，可以順勢活用隔間牆，改變寢具的擺放位置，此時可以把寢具擺放在隔間牆跟牆壁之間，或者乾脆以隔間牆當床頭板，然後再重新設計寢具。其實選擇以隔間牆當床頭板時，就能挑選沒有床頭板、設計簡單的寢具，除了空間看起來更寬敞外，還可以自由發揮，隨喜好裝飾隔間牆，打造更有個性的臥室風格。

不藏私密技：隔間牆

只要在臥室設計一道隔間牆，就能額外打造穿衣間或梳妝室，只是，一旦決定要使用隔間牆，除了裝潢木工以外，也需要請水電師傅施工，所以會因為照明、開關的裝設增加費用。另外還有一個方法就是訂做床頭板，高度做成約160公分，然後把床頭板當成隔間牆使用。由於半高的床頭板並不像正統的隔間牆一樣延伸到天花板，因此床頭板後面的空間只要靠臥室本身的照明，光線就很充足，通常寬度需達50～60公分，才能夠屹立不搖。如果是20～30坪的住宅，房間本身就不大，床頭板的寬度最少也要有30公分以上，當然還是得視房間的大小做調整，如果寬度只有30～40公分，床頭板可能會因為重心不穩而倒榻，建議把床頭板釘在地板上或以工業膠水固定，完成床頭板的施工後，擺上床架或疊兩張床墊就完成寢具的部分。

bathroom

浴室，舒適且實用的休憩空間

説實在的，如果家裡能有一間自然光線充足、擁有能整個人浸在裡面的大浴缸的浴室，煩惱好像就全部煙消雲散了。只不過，浴室跟水密不可分，基於這樣的特性，就算興起「投資」浴室的念頭，恐怕無法像其他空間一樣容易進行擴張或遷移，改造浴室除了要克服條件上的限制，放棄先入為主的觀念是最重要的，這樣才能打造出同時滿足實用性跟美觀的「理想浴室」，對浴室的期待也會越來越高。

「如果只換磁磚，看起來會更明亮嗎？」

「浴室裡陽光照不進來，總是非常陰暗，如果重貼磁磚，氣氛應該會煥然一新吧！」只要更換最基本的磁磚，就能完成高級的浴室裝潢真的很讓人期待。

「希望浴室裡能有浴缸。」

「浴室裡如果沒有放浴缸，好像會很空虛。」雖然空間不夠大，但是有了浴缸，浴室好像也跟著升級呢。

「好想要有一間隨時保持乾爽的乾式浴室。」

「每次進到剛洗完澡的浴室，全身都會沾滿濕氣，心情就會變得不好。」要是有乾濕分離或乾式浴室就好了。

浴室雖然只是佔了家裡一個角落的邊疆地帶，但使用頻率卻遠遠高於其他空間，如果想充分改造浴室，就現實面來說，強調家庭成員使用上的方便性與實用性，會比只注重美觀來得好。

改造浴室時，須確認的事項

生活方式

- □浴室使用者的年齡層跟人數？
- □主要在浴室進行的活動為？（洗臉、洗澡、沐浴、吹頭髮、化妝等）
- □有沒有想特別增加的用途或機能？

硬體診斷

- □需要把臥室跟陽台打通嗎
- □馬桶、洗臉台、排水管等是否非常老舊？
- □電線跟照明的狀態？
- □牆壁與地面磁磚的狀態？
- □通風跟乾燥系統的狀態？
- □防水是不是出了問題？
- □收納櫃、浴室用品的狀態與實用性？

裝潢與格局

- □浴室的採光？
- □想擺在浴室使用的用品種配與大小？
- □是否打算裝免治馬桶？
- □浴室裡需收納物品的種類跟大小？

需求1

討厭 陰暗潮濕而且 平凡的浴室

原想要忠於原味的設計，沒想到卻太過於「工整」了。雖然沒有特別不方便的地方，但就是討厭浴室的平凡模樣；磁磚的顏色不是白色就是象牙色，加上簡單的洗臉台跟馬桶。下定決心翻修浴室，又怕得把好好的浴室大卸八塊，其實，只要換個磁磚，就可以營造出獨特的風格囉！

使用不同花色的磁磚，也能塑造出生氣勃勃與摩登的氣氛。

解決方案

打造有個性的浴室

case 1

利用磁磚顏色、花色的變化，也能營造出煥然一新的氣氛

最簡單的方法是藉由磁磚顏色的變化增加特色，通常20～30坪大的住家，主浴室的地板跟牆壁加起來約有8～10坪，所需的磁磚只要7.5坪左右。只要改變其中30%的磁磚顏色，或者將磁磚做千鳥式的排列，就能讓設計產生耳目一新的變化，要是空間狹小，只要將長方形做橫貼，就能創造出寬敞的視覺效果。

tip 區隔地板以及牆壁的磁磚

磁磚分成地板用磁磚與牆壁用磁磚，通常地板用的磁磚，是比較不會殘留水氣的瓷質磁磚，特徵是表面有防滑處理；牆壁用的磁磚則是會殘留水珠的陶質材質。其實牆上貼地板用的磁磚也無妨，但是牆壁用的磁磚如果用在地板上會比較危險，這點要留意。

＊陶質磁磚的表面有拋光處理，顏色會比較鮮艷。雖然價格比瓷質的磁磚便宜，但是因為容易殘留水珠，所以無法使用在地板上。

case 2
以馬賽克磁磚營造率性風格

馬賽克磁磚可說是咖啡店跟飯店的寵兒，本身具有時尚風格，但是馬賽克磁磚的單價較高，假如施工面不夠平整，施工後會顯得凹凸不平，就讓人格外覺得得不償失。所以貼馬賽克磁磚之前，一定要先把牆面整頓好。其實可以活用尺寸切成20×20公分的磁磚，這麼一來不僅施工步驟較簡單，也能帶出馬賽克磁磚的效果。

tip 經濟的磁磚施工方法

磁磚的施工費用會隨著使用的材料種類跟工程規模增加或少，預算會有些落差，因此在磁磚施工之前，必須找出最經濟的材料跟施工方法，以及需要的磁磚數量。另外，對於施工較不易的馬賽克磁磚，要把牆面處理費跟工錢一起考量進去，如果是一般的磁磚，因為只是把新磁磚貼在舊磁磚上面，所以不必多花拆除費用，就經濟考量來說，磁磚的損失越少越好。通常磁磚是以每平方公尺或以箱子為單位出售，如果想減少磁磚的損失，必須經過精密的面積計算，對普通人來說，計算所需面積並不是一件簡單的事，最保守的方法就是使用標準尺寸的磁磚，正方形的標準尺寸為20×20公分跟30×30公分，長方形的標準尺寸為25×40公分。

case 3
正方形磁磚創造現代的氛圍

最好能夠使用30×30公分的正方形磁磚，因為這種尺寸的磁磚，本身的比例帶有現代感，不必額外添加其他裝飾要素，只要將磁磚整齊貼上即可。貼心小叮嚀，只要在磁磚的顏色跟質感上做點變化，就能營造出多采多姿的風格，最近帶金屬感的磁磚很受歡迎，雖說跟流行趨勢沒關係，但是一款能演繹出摩登與率性氣氛的磁磚。

需求2

是浴缸好 還是淋浴間好 真是頭痛的問題

浴缸比較實用？還是淋浴間比較好？這是翻修浴室時最常遇到的問題。拿掉浴缸，總覺得有點捨不得，如果只有淋浴間，卻又擔心浴室是不是會太單調。其實淋浴間比小浴缸更實用，既然都下定決心要整修浴室了，何不大膽做個淋浴間呢？

解決方案

浴室隔間是很實用的

如果家中有小學以上的子女，浴缸就更加沒意義了，特別是20～30坪住家，浴缸小到大人坐進去後雙腿無法伸直，根本是無用武之地。因此最好的解決方法就是做一個淋浴間，裝設淋浴間的浴室看起來會比較寬敞，且水不會濺出去，可以維持乾爽，就20～30坪的住家來說，可以以玻璃隔板代替環繞式的淋浴間設計，最好能有門可以關上。打造淋浴間的價格會比較貴，因為必須實地丈量浴室的大小進行施工，加上需要一定的空間讓門可以開合，所以不適合浴室太小的房子。克服以上種種限制的方法，就是以隔板取代淋浴間，加上隔板是規格品，所以材料費跟施工費用相對比較省。由於隔板是開放式型態，洗澡時不會充滿霧氣，清掃也很方便。

通暢的排水設施

拿掉浴缸後，浴室的地板約有5～10公分的高低落差，通常師傅會把地板填平，如果打算做個淋浴間，可事先請施工的師父維持原來的地板高低落差。

製作浴室隔間的know how

Director's Note

step 1 拆除

最簡單的方法是藉由磁磚顏色的變化增加特色，通常20～30坪大的住家，主浴室的地板跟牆壁加起來約有8～10坪，所需的磁磚只要7.5坪左右。只要改變其中30%的磁磚顏色，或者將磁磚做千鳥式的排列，就能讓設計產生耳目一新的變化，要是空間狹小，只要將長方形做橫貼，就能創造出寬敞的視覺效果。

step 2 黏貼磁磚

浴缸原來的位置通常只有基本的防水處理，所以在黏貼磁磚之前，需塗抹1～2次的防水劑，塗抹防水劑可以委託黏貼磁磚的師傅施作。還有另一種更經濟的方法，就是不打掉舊磁磚，直接在上面鋪貼新磁磚；打掉磁磚也是一筆費用，而且還要加上塗抹防水劑的費用，等於增加兩倍的費用，要是選擇直接在舊磁磚上面鋪上新磁磚，除了有地勢會增高的缺點以外，並不會有額外的支出。

tip 黏貼磁磚前的檢查事項

電線配線問題｜有滿多老舊的公寓，浴室裡是沒有插頭的，如果打算在浴室裝設免治馬桶或使用吹風機，在進行黏貼磁磚之前，可請水電師傅先過來接插頭。

浴室照明位置的移動｜如果浴室原本裝的是壁燈，建議在黏貼磁磚之前，改為天花板的嵌入燈，要是上浴櫃原本就有照明，可以直接把上浴櫃的燈移到天花板，這是維持浴室明亮的捷徑。

step 3 安裝隔板

鋪貼完磁磚後，接下來進入安裝隔板的安裝設施階段（遷移排水管為基礎設施，安裝馬桶、洗臉台、隔板、收納櫃等則稱為安裝設施），隔板的規格如以75×180公分為基準，花費約為3,600～4,100元（包含施工費用），如果只裝一片隔板，加上門約花費9,800～10,000元，跟花費約11,500元的拉門式淋浴間比起來，裝隔板的方式是較低廉的。

需求3

好想擁有一間乾式浴室

為什麼浴室一定要濕答答的才行？洗完澡後地面上總是濕漉漉的，清掃浴室的時候，總是覺得要用大量的水沖洗才會甘心，家裡一直都是這麼做，但，現在真的好想擁有一間總是維持清爽乾燥的浴室，一間可以光著腳丫進去洗手或者洗臉的乾式浴室！

解決方案

家裡的第二間浴室大膽改成乾式浴室

對有兩間浴室的住家而言，最好可以把第二間浴室改成乾式浴室。最近新建的大樓，即使只有20～30坪，臥室裡通常都附有浴室，其實這樣的格局並沒有想像中來得實用。首先，浴室裡通常還有洗臉台跟馬桶，所以非常狹小，洗澡的時候水蒸氣總是沒辦法馬上乾掉，這樣很容易發霉，因此大部分的人在改造臥室的時候，會把浴室改建成穿衣間。如果是20坪的小公寓，要改建成穿衣間，空間不夠大，實在很困擾人，最明智的做法就是讓乾式浴室與梳妝室合而為一。如果光是床跟收納櫃就已經快把臥室塞滿了，那就把附屬的浴室改建成乾式浴室，並兼做梳妝室使用，這可以算是魚與熊掌兼得的絕妙方法。

打造乾式浴室know how

Director's Note

step 1 拆除&水泥填補施工

首先決定是否要拆除馬桶，接著才拆除洗臉台、馬桶跟天花板，如果用不到馬桶，記得請師傅把馬桶的水封封起來，讓味道不會湧上來。完成拆除工事後，如果發現浴室的地板比較低，可以補上一層水泥砂漿，讓臥室跟浴室的地板同高，一般來說師傅在進行拆除的時候，會順便做地板的泥作工程，不過最好還是事先跟師傅確認，如果想要改變洗臉台的位置，拆完舊有設備後需請師傅移動排水管的位置，施工費用是以排水管的長度（以公尺為單位）計，如果是2公尺以內，費用約為7,700元（材料費另計），雖然排水管越長價格就越高，畢竟附屬浴室的面積比較小，所以費用也不會多到哪去。

不藏私密技：保留水封的位置

不使用馬桶時，會把水封封起來，但仍建議保留，因為日後萬一要把房子賣掉，或者想裝馬桶的話，就能隨時派上用場；先跟泥作師傅交代，填補水泥的時候不要把水封封死，並且在水封的位置畫上記號。

step 2 木工工程

在磁磚牆壁上加一道防水合板，如果浴室的牆壁狀態良好，希望可以直接改建成梳妝室的話，改貼石膏板也是可以的，會碰到水的那面務必要以防水合板做處理，雖然防水合板的費用比石膏板高一點點，還是建議直接採用防水合板，因為改建附屬浴室所需的石膏板或防水合板，用量大概會在一坪左右，材料費的費用並不會太高，裝完合板後，緊接著製作並安裝洗臉台。通常木工師傅會直接丈量製作，家具製作完成後，一定要做防水處理，如果嫌家具的防水處理太麻煩，可以改用廚房的下櫥櫃代替，其實請廚具的廠商訂做也可以。

step 3 貼壁紙

乾式浴室的牆壁用壁紙來裝飾是很經濟實惠的，最近有許多塑膠壁紙或PVC壁紙，就算用在會碰到水的地方也不用擔心被沾濕。水泥花色或石質磁磚圖案的壁紙皆很適合浴室，一般房間裡使用的各式花色也是不錯的選擇。

不藏私密技：
馬桶跟洗臉台的清潔

很多人排斥乾式浴室的其中一項理由是，無法做沖洗清潔。不過最近的浴室清潔用品分得很細，所以不必太擔心清潔的問題，用噴霧式的清潔劑或有抗菌功效的清潔劑都比用清水沖洗效果更好；噴上清潔劑後，先以沾濕的抹布擦過一遍，接著再以乾抹布擦乾，便可以保持馬桶跟洗臉台的乾淨。

step 4 安裝洗臉台

處理完地板跟牆壁後，接下來請師傅幫忙安裝洗臉台，乾式浴室裡主要使用的洗臉台是洗臉盆櫃，使用起來方便，而且容易清潔。

kids room

小孩房，充滿無限想像的成長空間

有孩子的父母親應該都知道「傾聽」是非常重要的，小孩房也必須以這樣的理念進行設計。父母對於小孩房的設計，最容易犯的錯就是只在乎「自己的觀點」。很多人會認為，只要把房間布置得跟童話一樣夢幻可愛，以漂亮的家具跟顏色來布置小孩房，孩子們肯定會喜歡，其實這些都只滿足了父母親自己；小孩房的布置必須以細心和體貼為後盾，讓孩子自己挑選喜歡的顏色、家具與裝飾品，讓這個孩子專屬的獨立空間，更具意義。

「念書、遊戲、睡覺可以同時在同一個房間裡解決嗎？」

到底狹小的小孩房內，有沒有足夠的動線進行所有活動，實在令人懷疑。

「小孩的東西實在很多，有沒有什麼方法，可以讓小孩房維持整齊乾淨呢？」

因為客廳裡到處都是小孩子的玩具跟書，希望家裡不要再像戰場了。

「房間可不像衣服說換就換，有沒有什麼好點子，讓房間可以跟著小孩一起成長呢？」

希望房間能隨著孩子的成長一起變化。

對於有無限成長潛力的孩子們來說，該如何布置房間，才能夠讓孩子們情感豐富與感到安穩，培養孩子們的創意與幸福成長，是父母必須要了解的。

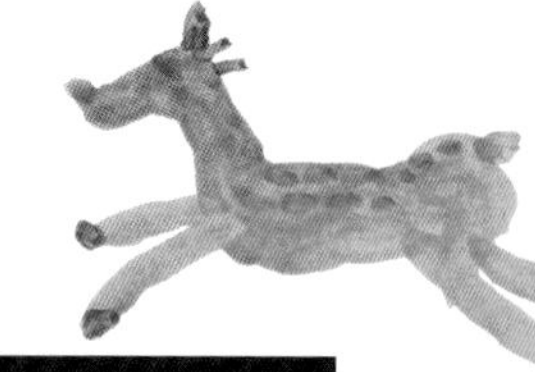

改造小孩房時，須確認的事項

生活方式

- ☐孩子們喜歡的顏色？
- ☐在房間內主要會進行哪些活動？
- ☐孩子們想要什麼類型的裝飾？
- ☐是否有特別蒐集的娃娃跟玩具？

硬體診斷

- ☐孩子的物品種類、大小與份量？
- ☐是否沿用舊有的收納櫃？
- ☐舊家具是否有需要改善的部分？

裝潢與格局

- ☐是否要跟陽台打通？
- ☐如果是，對空間的期許是？
- ☐陽台跟房間的交界面，是否需要暖氣與安全裝置？

需求1

有辦法把房間打造成睡覺、念書、玩遊戲的三合一空間嗎？

由於小孩房內必須兼顧睡眠、學習以及遊戲這三種活動，就算小孩房配置得比主臥還大也不為過；勉強塞下床跟書桌的空間，加上散落一地的玩具跟娃娃，幾乎沒有地方可以站了，以上是一般小孩房的最佳寫照，有些家庭乾脆把主臥的空間讓給小孩房使用，但這種做法似乎有點矯枉過正……到底有沒有什麼辦法，可以平均分配空間，讓所有的活動都可以進行呢？

不藏私密技：電源的配置

如果打算將陽台跟房間打通，把書桌擺在窗前，記得事先在書桌的位置規劃好電線問題，先解決電話、網路線的配線作業，因為做完隔間牆後，就不容易再移動電源位置。

不藏私密技：隔間牆上的小窗戶

製作隔間牆時，需考慮隔間牆本身的型態、尺寸、顏色跟採光，如果想防止空間因為隔間牆而看起來沉悶，訣竅就是讓隔間牆跟空間產生關聯性。換句話說，就是依照隔間牆跟空間的比例關係，決定隔間牆的大小跟型態；由於隔間牆有可能遮住光線，可在隔間牆上開幾個圓形或四方型的小窗，隔間牆的顏色也是小孩房的另一重點，需慎重選擇。

解決方案

一道隔間牆，就能讓空間同時具備學習、睡眠與遊戲的機能

case 1

利用隔間牆後面的空間，打造學習空間與遊戲空間

一旦確立空間的用途，就必須依機能進行設計，具體規劃出學習、睡眠與遊戲的空間；空間上的分割只需要一道隔間牆，就能俐落解決空間分割問題。如果可以，建議把臥室跟陽台打通，隔間牆就設在陽台與房間的交界處，隔間牆後的空間，可以設計壁櫥、書桌與書櫃來當學習空間，也可以布置成有擺放玩具收納櫃的遊戲房。

case 2
利用隔間牆打造寧靜的睡眠空間

盡量讓隔間牆當床頭板用，或者當床頭板的靠牆，只要把隔間牆做成較低的「半牆」，這樣就可以當成床頭板使用。其實半牆做成的床頭板跟實際的床頭板感覺相同。比較不會那麼枯燥，也可以達到分割空間的效果，另外，隔間牆的寬度如果做成跟床一樣，可讓就寢空間看起來更安寧，隔間牆上裝設照明跟開關，讓就寢空間更舒適，如果打算在隔間牆上多裝設照明燈跟開關，在製作隔間牆之前必須先決定好裝設的位置。

case 3
是隔間牆也是收納櫃

賦予隔間牆一些附加機能，就能有效節省空間上的使用，在隔間牆的兩側或是內側設計可放書本的壁架是個好點子，設計的時候需先預估隔間牆的荷重能力是否足以承受書本的重量。

讓隔間牆的收納發揮到極致

小孩房內的隔間牆，可不是只有區隔空間的功用，還要有收納功能，方便整理書本、玩具跟文具，才是最實用的。隔間牆的牆面跟內側，都是設計收納空間的絕佳位置。

需求2

希望孩子的物品可以收到孩子的房裡

其實，小孩子的東西遠多於大人，每年總是會增加的書本跟衣服，玩具房裡不夠放，擺得家裡到處都是，每次只要有客人來訪，總是很想找個地洞鑽下去，難道就沒有辦法把東西全部收到小孩房裡嗎？

解決方案

利用死角，打造收納櫃

case 1

善用設計簡單的壁架

訂做5～6個壁架，然後裝在牆壁上，壁架除了佔的空間很少以外，還比一般的書架可容納更多的書，在最下面的壁架底下，放一個收納箱，把書本跟玩具都收到收納箱裡，收納箱上頭放一個坐墊，就能當長椅使用，如果裝上輪子，就能活動自如。

case 2
利用死角打造收納櫃

陽台兩端的承重牆或是房間裡的樑柱附近，總會有一些死角，可在這些地方製作大型收納櫃，方便整理孩子們的玩具、書本、衣服以及文具等等。大型收納櫃裡的架子可設計成活動式。

tip 收納箱使用木材材質！

磁磚分成地板用磁磚與牆壁用磁磚，通常地板用小孩房裡的收納箱材質最好使用木頭材質。雖然許多人認為塑膠材質的收納箱又輕又方便，但其實很容易壞掉，因此，長期來看，使用木製的收納盒看起來比較俐落，也比較合乎經濟效益。

設計在角落的收納櫃

陽台的兩邊，是非常適合擺放大型收納櫃的空間，如果在小孩房裡陽台擺放這樣的家具，輕輕鬆鬆就能收納各式的玩具。

需求3

希望有一間可以激發孩子創造力的房間

有沒有打破「小女孩就要用粉紅色，小男孩就要用藍色」這種觀念的劃時代性裝潢方法？布置小孩房最簡單的其中一個方法便是挑顏色了，不過這已經是老舊時代的產物，這種裝潢方式，把孩子們的個性與創意能力拋的遠遠的，小孩房再也不只是只滿足父母的「漂亮房間」，而是一個可以讓孩子的感情更豐富，並且能夠刺激創造能力的環境，到底該怎麼解決這個難題呢？

解決方案

選擇可變化的「選項」

case 1

搭配五花八門的壁紙顏色

房間的顏色挑選盡量以孩子的意見為主。像壁紙，選擇孩子喜歡的顏色當重點色也是個好點子，房間四面最好不要只選擇一個色調，可以用兩三種的顏色或圖案來搭配與布置，營造出生氣勃勃的氣氛，並培養孩子多樣的思考能力。混合多種顏色時，可選擇同色系，但不同色度與明暗的顏色，可讓人有安全感。

tip 長條壁紙營造繽紛氣氛！

孩子們喜歡的卡通人物或花紋的長條壁紙可讓氣氛更加多采多姿，是效果顯著的項目；使用長條壁紙時，壁紙底色可選擇沒有圖案花樣的固態壁紙，這樣才能凸顯長條壁紙原來的個性，通常壁紙的壽命約4～5年，可以隨著孩子的成長過程更換長條壁紙，煥然一新的感覺就像是重新粉刷的一樣。

case 2
製作可以激發孩子創造力的塗鴉板

培養孩子創造力的裝潢方法中，製作塗鴉板便是其中之一，方法有很多，像是壁櫥的門片以烤漆玻璃處理過，就可以在上面以奇異筆畫畫，也可以把塗鴉板框起來固定在牆上。

烤漆玻璃

烤漆玻璃就跟白板一樣，可以拿麥克筆在上面寫字，是一款非常好用的素材。可在牆壁上做一個框框，像掛塗鴉板一樣掛起來，或者應用在收納櫃的門片上。

創意家具

收納盒的門為鏤空的小熊圖樣，即使孩子們就學後仍然可繼續使用，此款是VANKIDS家具品牌的多功能收納盒。

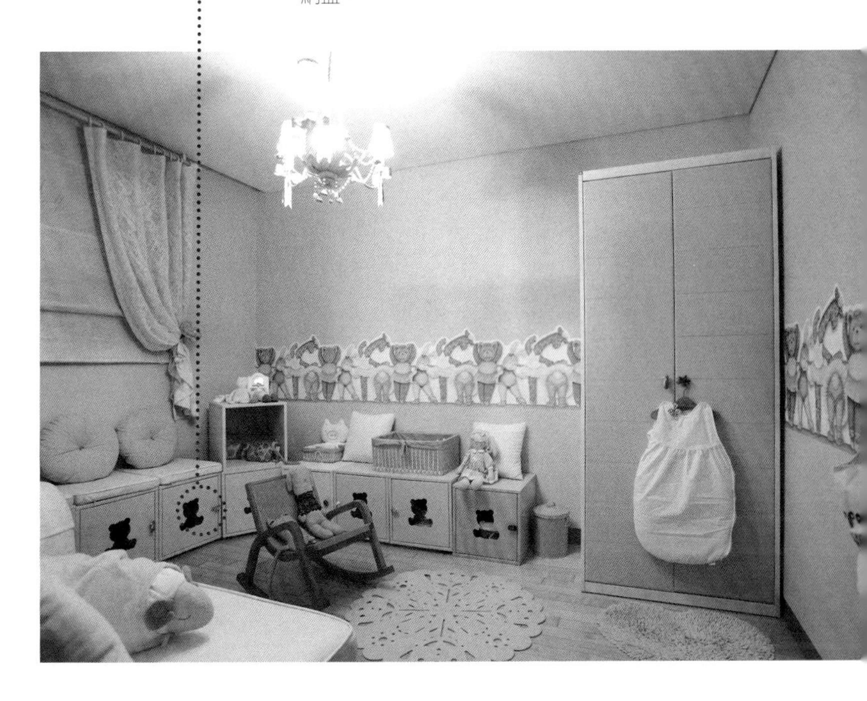

case 3
多多使用青少年家具

雖然孩子還很小，但不必堅持一定要買兒童家具，青少年家具買來後，只要以一些可愛的元素裝飾，也能夠有兒童家具的感覺。舉例來說，像收納櫃的把手跟門片可以換成跟兒童家具非常搭的卡通人物設計，等孩子長大後，再恢復原來設計即可，好好留意市售的青少年家具，一定能發現合適的設計款式。

library

書房，家人交流知識的文化空間

如果家裡有書房的話？爸爸可以在家裡處理未完的公事，媽媽也可以以身作則帶領大家看書，有時候，也可以在這裡為子女指導課業。以前人們會覺得書房是有錢人家裡的「多餘的空間」，但最近的趨勢是就算要捨棄一間房間，家裡也一定要有書房。對雙薪夫妻來說，這樣的要求已經非常普遍，加上最近媒體網路普及化，書房已經躍身為必要空間了，那麼，在受限的空間範圍內，如何打造出理想的書房呢？

「房間只有一間，但是先生跟我想要有各自的書房。」

苦惱著該怎麼在一間房間內打造各自的獨立書房。

「有辦法讓書房的格局耳目一新嗎？」

靠牆的書桌跟書櫃，會讓人連想到K書中心。
以下介紹把夫妻分享知性對話、提升家人文化素養的書房，布置得美輪美奐的方法。

改造書房時，須確認的事項

生活方式

☐是一個人使用，還是家族成員共同使用呢？
☐在書房主要會進行哪些活動？
☐是否需要視聽系統？

硬體診斷

☐會沿用原來的書桌跟書櫃嗎？
☐是否會訂做壁櫃？
☐書房裡保管的書本大小跟數量？
☐除書本以外，會收納的物品種類？

裝潢與格局

☐如果書房有陽台，有計畫要打通嗎？
☐打通之後會做何用途？

需求1

想打造既獨立，又可以共同使用的書房

雖然只有一間房間能打造成書房，但還是忍不住想像，如果能有各自的獨立書房不知道該有多好，現實終歸是現實，那麼該怎麼做，才能讓夫妻倆在同一空間內，擁有各自的書房呢？

解決方案

訂做靠牆的壁櫃

case 1

量身訂做一字型書桌

最簡單，最公平的解決辦法就是訂做一字型的書桌。一字型書桌放在打通後的空間，或者擺在窗邊，沿著牆面一直延伸到底。書桌的長度為2公尺，夫妻倆各擁兩端當書桌用即可。家裡空間如果較小，無法同時擺兩張書桌，極力推薦一字型書桌；要是空間明明擺得下兩張書桌，卻仍使用一字型書桌，便可說是發揮餘白之美的方法了。

case 2

利用翼牆做壁櫃式書櫃

空間打通後，應該會有做支撐用的翼牆，只要善加利用翼牆，也能打造出容納一人的獨立空間，可順著翼牆訂做L型壁架，壁架的下方擺放一字型書桌，由於壁架長度可跨越兩面牆，可擺放的書本自然增加許多，並可增加視覺開闊的效果，準備好書櫃與書桌後，剩餘的空間再擺放一張書桌，即完成可充分容納兩個人的書房。

同時兼具實用性與裝飾性

依比例搭配橫條紋壁紙的壁架，用壁架來代替書架，除了讓空間看起來更寬敞，裝飾的效果也很優。

精簡的一字型書桌

跟落地窗絕配的一字型書桌，打造夫妻可一起使用的書房。

需求2

想擁有與眾不同的書房與家具擺設

不是靠牆就是靠窗的書桌與書櫃，實在了無新意，就算選購特別的家具，也感覺不到煥然一新的氣氛，到底該怎麼排列，才能既改變氣氛又維持動線的寬敞呢？

不藏私密技：書桌跟空間的比例

書桌就算只是背著窗戶擺放，也有很多種排列方式。就整體空間來看，書桌最好擺在中央的位置，可以貼緊牆面，或者跟牆面保持一段距離，氣氛會隨著跟牆面保持的距離有多少而改變。讓書桌跟窗戶之間隔出一大段空間，然後擺放沙發或安樂椅也是不錯的點子。

解決方案

打破傳統的家具排列觀念

case 1

書桌，背著窗戶擺放

書桌是書房的焦點。書房的氣氛會隨著書桌的擺放位置改變，把書桌擺在牆角或窗戶底下是最常見的做法，不過，我建議可以試試讓書桌背對著窗戶。走進書房時映入眼簾的是書桌的正面，跟打開公司裡的主管辦公室時有一樣的感覺就對了，這樣的擺置除了讓書房不至於太沉悶，也能同時營造出高級與洗鍊之美。

case 2

營造休閒的風格

營造書房寧靜祥和的方法，就是藉由沙發或安樂椅的點綴，呈現出休閒的風格；只要讓書桌背對著窗戶，然後在書桌前擺放沙發跟安樂椅，就能布置出像是從雜誌裡跳出來的書房。

趙喜善's 裝飾筆記

為裝潢空間俐落地注入生氣與個性的訣竅，就是依照各自的喜好，以經濟實惠的原則為空間畫龍點睛。接著，以我長久累積下來的經驗來介紹最有效率的裝潢秘訣。

趙喜善's 裝飾筆記 1

牆壁與地板，是家的底妝

基礎做得漂亮，空間才會跟著漂亮。裝潢材料左右了家裡80%的氣氛，現在就公開最具裝飾效果以及最實用的項目。

讓家裡融入自然風

鋪上木質地板的家，不僅看起來比較溫潤，更多了幾分自然質感。除了大賣場就可以買到的DIY木地板、因為防潮、穩定度高，又抗白蟻而大受歡迎的海島型複合式地板外，為了因應環保，更有越來越多人轉而使用從廢棄家具、原木碎片、木材廢料加工製成的超耐磨地板。現在歐美國家超耐磨地板已經超越原木地板的使用量了，台灣現在也有許多廠商投入超耐磨地板的銷售。

耐久性與美觀優人一等的超耐磨地板

超耐磨地板可說是裝潢界的新寵兒。除了響應環保，就如同它的名稱一樣「超耐磨」，幾乎不需要擔心修繕問題，現在甚至還有附加防水功能的進階版。因為是人工合成品，花色更是多樣。最吸引人的是，它的價格比起原木地板要親切許多。

樹木的舒適感瀰漫整個空間

實地呈現木頭原有的光澤與質感，營造居家舒適寧靜的空間。採用乾式施工，完全不會使用到黏著劑，所以也不會有新家症候群，不容易受到汙染，平時保養時只要用抹布擦拭即可，可以長久使用。

可長久使用的地板

超耐磨地板和原木地板有一樣的效果，還擁有原木沒有的優點：只需要施工一次。原木地板容易因為磨損，而需要整修甚至重新施作，但超耐磨地板耐磨、耐衝撞的特質，完全不用擔心磨損的問題，可以用很久。

家具，堅持使用 E1、E0的環保等級！

比新家症候群更可怕的東西，就是新家具症候群。先撇開原木家具不談，一般的家具都是以木頭碎片壓製成的粒片板（particle board）製成的，製造粒片板的過程中所使用的接著劑是關鍵，廉價的粒片板使用的接著劑含有大量的甲醛，一旦買到這樣的家具，鼻子最少要忍受一年以上的嗆鼻味道，而且還會散發對人體有害的成分。所以經常會伴隨過敏、慢性支氣管炎、頭痛的新家具症候群，對此最好的解決方法便是使用環保等級較高的家具材料。

目前國際上大多採用E2、E1、E0的分類等級，台灣則是以F1、F2、F3的分類方式為主。其中，F1／E0健康板，甲醛的排放量為0.3mg/L以下，強調零甲醛、無毒性，是歐洲及日本最高等級的板材；F2級的塑合板甲醛含量介於F1跟F3之間，不過台灣並沒有進口；F3／E1－V313塑合板的甲醛排放量平均為1.5mg／L以下，是最常應用於家具、建材的板材。從2008年開始，經濟部標準檢驗局規定，板材的甲醛含量必須再F3級以上才能夠作為室內家具、室內裝修之用。

雖說台灣只規定到F3等級，但為了健康著想，當然還是使用F1／E0級的健康板做為家具裝修的材料，是最好的。

貼皮，可維持表面長期的美觀

線板、門片以及訂做的收納家具，可說是一間房子的「皮膚」，有什麼方法可以把這些東西的表面處理得更整齊漂亮呢？上油漆的方式雖然不錯，但是還有更簡單經濟、更持久的方法，那就是貼皮。油漆無法表現的光澤、立體真實木紋，貼皮都可以做到，種類繁多，能達到變幻無窮的氣氛，可用貼皮來裝飾門片、線板、訂做家具與隔間牆的表面。由於貼皮不是一般的壁紙型態，恐怕無法以DIY施作，需委託專門的師傅進行。

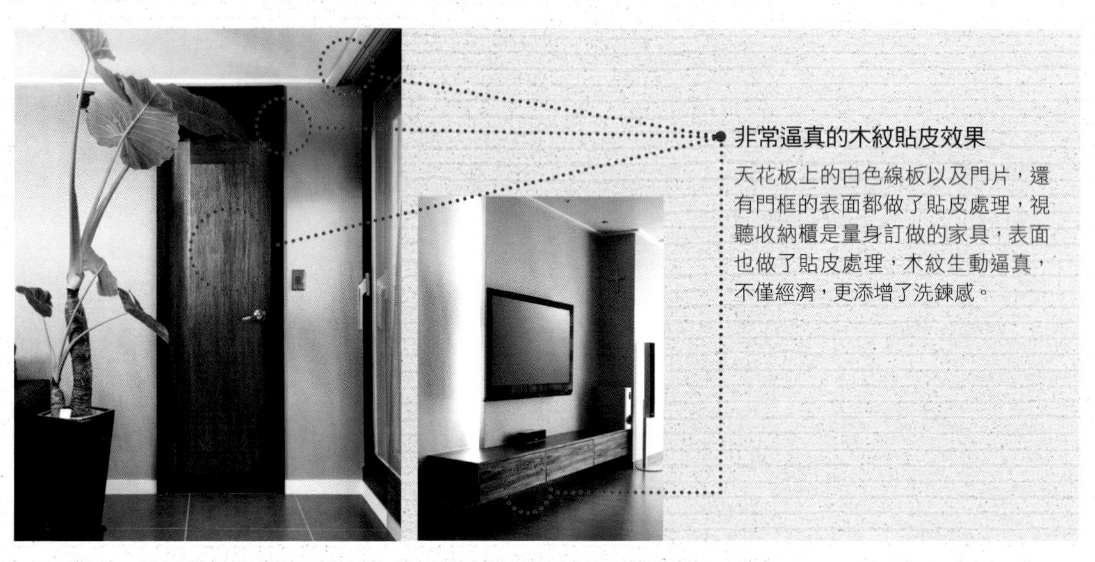

非常逼真的木紋貼皮效果

天花板上的白色線板以及門片，還有門框的表面都做了貼皮處理，視聽收納櫃是量身訂做的家具，表面也做了貼皮處理，木紋生動逼真，不僅經濟，更添增了洗鍊感。

像塗鴉板一樣好用的烤漆玻璃

烤漆玻璃是最近商業空間最常使用的玻璃種類之一，簡單來說就是一種彩色玻璃，在玻璃背面塗上一種特殊的彩色膜所製成的，顏色五花八門，用玻璃彩繪筆或麥克筆在上面寫字，都可以擦得掉，所以可以拿來當塗鴉板使用。可以應用在壁櫥的門片上、收納櫃、隔間板，甚至是廚房的牆壁，可呈現出俐落的簡約風格。

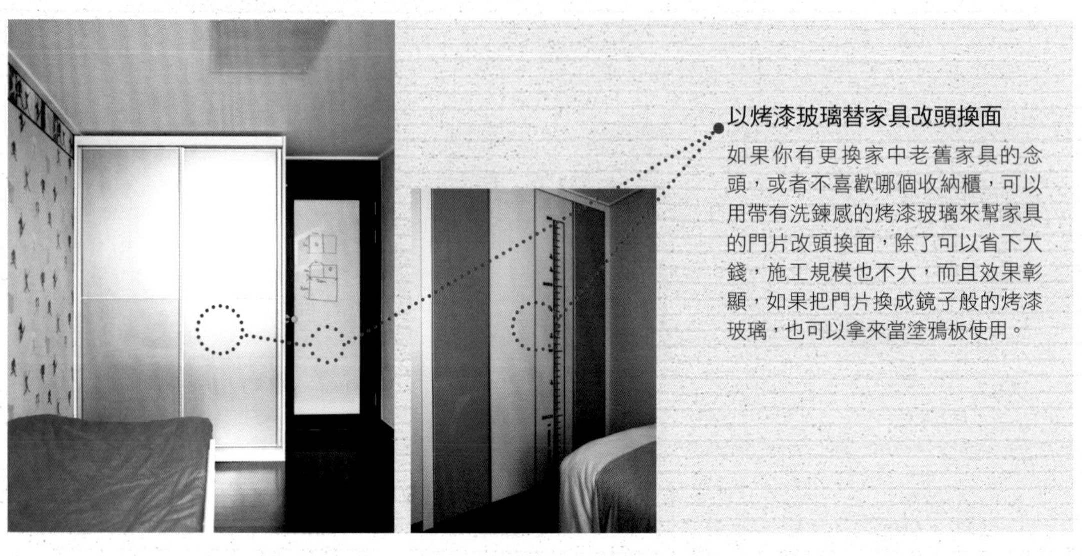

以烤漆玻璃替家具改頭換面

如果你有更換家中老舊家具的念頭，或者不喜歡哪個收納櫃，可以用帶有洗鍊感的烤漆玻璃來幫家具的門片改頭換面，除了可以省下大錢，施工規模也不大，而且效果彰顯，如果把門片換成鏡子般的烤漆玻璃，也可以拿來當塗鴉板使用。

磁磚，讓你不用擔心髒汙

現在，磁磚不再只應用在浴室跟廚房了，用在玄關、陽台以及工作室的效果非常自然又俐落，所以是裝潢的新寵兒。首先，磁磚比其他的裝潢材更不易弄髒，加上非常耐用，所以磁磚漸漸成為廚房跟玄關牆壁的使用主流。廚房的牆壁最好貼磁磚，因為做菜的時候容易產生油汙，磁磚會比較好清理，飯廳可選擇閃閃發光，有鏡面效果的馬賽克磁磚，除了讓空間看起來更寬敞，也能營造華麗的效果，廚房的地板可以鋪貼長方形的石磚，一來清理容易，二來可以跟鋪設地板的客廳形成空間上的分離效果。玄關貼磁磚也不錯，像手上的汙垢跟其他污垢、泥土或灰塵都能輕鬆清理乾淨。

同時兼具實用&美觀

跟廚房比鄰的飯廳空間，牆壁上如果貼磁磚，可防止油汙；廚房的地板如果鋪設磁磚，就算水灑在地上，或者食物掉到地上也能簡單清理，而且地板鋪設磁磚的廚房跟鋪設地板的客廳，在視覺上有分割的效果。

趙喜善's 裝飾筆記 2

照明，讓裝潢有畫龍點睛的效果

空間也需要靠「蘋果光」來美化，照明可說是裝潢的壓軸，在規劃照明時，要記得空間會隨著照明的亮度、照度，或是照明本身的設計而呈現不同的面貌。

客廳燈具盡量選擇嵌入式的簡單設計

客廳跟廚房最好能使用相輔相成的燈具。客廳採取嵌入式照明，看起來俐落大方，飯廳則適合使用能凸顯裝飾性的吊燈。

吊燈的確可成為一個空間的聚光焦點，但是濫設會降低吊燈本身的裝飾特色，一定要裝在合適的地方才能達到最佳效果，客廳裝設設計簡單的嵌入式照明，可讓格局有放大的效果，非常實用。

不突兀的基本設計

如果使用體積太大、或是垂吊式的燈具，有可能會讓空間看起來有壓迫感，採用輕薄的嵌入式燈具，讓燈具看起來就像天花板的一部分，不僅看起來寬敞，裝潢客廳的時候，也不必將燈具列入搭配的考量範圍。

不藏私密技：嵌入燈

裝設客廳照明燈具時，採用嵌入式的燈具會比突出的燈盒更有放大空間的效果，而且大部分的客廳燈盒價格比較昂貴，把主要用在臥室的嵌入燈拿來客廳使用，裝設一排約3～4個，外觀看起來簡單俐落，而且也比較經濟，正方形嵌入燈的價格大概是1,500元左右，長方形嵌入燈價格平均是3,000元，只要裝3～4個，不用花大錢就能完全解決客廳的照明。（施工費用另計）

飯廳採用吊燈裝飾

利用飯廳裡的燈具打造出屋內最別致的角落是睿智的做法，優雅往下垂吊的吊燈與跟空間非常融洽合宜，如果餐桌跟燈具是一組的，那麼效果就更完美了，坐落在餐桌正中心的燈具營造了安詳的氣氛，跟餐桌的搭配性也是很重要的一環。

不藏私密技：吊燈

裝設吊燈之前，必須先了解天花板是不是可以承受燈具的重量。萬一燈具重量較重，安裝前，必須先在天花板裡裝好支撐座再裝吊燈，這樣天花板才不會下垂，為了分散吊燈的重量，建議最好加強天花板的荷重能力，施工前最好先告知師傅吊燈的種類跟重量，判斷是否要加裝支撐座。

營造客廳與飯廳的氣氛

如果客廳跟飯廳都是開放空間，像吊燈這種裝飾性的照明，最好只裝設在一處，這樣才能凸顯出特色。

左右空間感與氣氛的間接照明

在玄關、走廊或者是懸掛了畫作的牆壁上，可以裝設部分間接照明來強調空間感與營造氣氛。如果選擇鹵素燈跟白熱燈當間接照明，電費恐怕會很驚人，實用性自然就不高，最近業界開發了三波長電燈跟LED燈，顏色跟氣氛的效果都跟鹵素燈以及白熱燈一樣，不過LED燈除了價格昂貴，照度也不夠，所以，就實用面來說，三波長電燈是最好的。三波長電燈的型態、照度、顏色全都跟白熱燈還有鹵素燈一樣，而且價格更低，電費也比較省，不過有個小缺點，一旦三波長電燈壞掉，連斷路器（當電流超過額定值，為防止機器故障以及預防發生火災，裝在迴路中間的一種保護裝置）也得一起更換。

趙喜善's 裝飾筆記 3

窗簾，給房子穿的衣服

利用窗簾的布料材質、質感、花色上的變化，可以變換不同的氣氛；同一間房子只要換上不同的窗簾，就會有全新的感覺，接下來為大家介紹，什麼樣的窗簾能夠為居家氣氛帶來出其不意的效果。

基本的窗簾素材

亞麻（linen）為植物性天然纖維，最大的優點是低刺激性與天然質感，雖然容易乾、通風性良好，但是容易產生皺褶，最近因為吹起了有機風，再次成為人氣商品，以前的設計跟顏色比較簡單樸素，最近以混紡的技術，開發了許多顏色華麗且質感獨特的款式。

棉（cotton）從棉花取出做成的，最自然與無可挑剔的紡織物，材質柔軟、方便整理，跟聚酯纖維混紡後使用範圍變得更加廣泛，不過最近100%「奢華純棉」更受消費者喜愛，另外像細平布、蟬翼紗、棉絨、牛津布等也都屬於棉布。

絲（silk）從蠶蛹裡抽出動物性纖維所製成的布料，是高級與優雅的代名詞，因為容易染色，所以顏色變化非常多樣。但是價格昂貴，而且耐熱性不佳，需花更多的心力管理。帶點透明的歐根紗（organza）是不同織造方式的絲布。

緞布（satin）表面隱約泛著有高級感的光澤，背面無光的織造方式。以此方式做成的布料通稱為緞布，表面光滑，使用方便而且價格低廉，通常被用來代替絲布。

1 象牙色＋裝潢主色 最不會有失誤的選擇方法。如果黑色＆白色的家具很多，可以選擇象牙色＋灰色，如果棕色的家具比較多，可以以象牙色＋駝色做搭配。

2 花色的窗簾＋花色上的其中一個顏色 如果想裝設多層窗簾，「單色＋單色」或者是「單色＋花色」這樣的搭配可說是一種潛規則，如果決定使用有花色圖案的窗布，那麼其他的單色窗簾布顏色最好是花色圖案裡有的顏色。

3 相似對比 如果說以相反的個性達到顏色間的調和是「補色對比」，那麼擁有類似個性的顏色之間的搭配就是「類似對比」。紅色－大紅－朱黃－黃－淺綠－綠－深綠色－青綠－藍色－深藍色－紫紅－灰色，配色時可以取以上相鄰的2~3個顏色，暗紫色＆灰色，青綠色＆淡金色就是相似對比例子。

4 質感對比 即使色調相似，使用不同的材質也能創出有層次的氛圍。與其選擇「亞麻＋亞麻」不如選擇「亞麻＋緞布」，嘗試混合質樸與柔順的組合質感。

窗簾布搭配基本實例

1 亞麻＋稍微透明的窗簾布的搭配

認為稍微透明的窗簾只有夏天才會使用的固定觀念已經逐漸消失，在白色百葉窗上多加兩層窗簾布的搭配方式已經越來越常見，這樣的窗簾除了「遮蔽用」，其實「裝飾用」的意味更濃厚，不分季節使用略透明的布料已經是現在的趨勢。

2 古典圖案現代化

以波形花紋、各式花朵圖案為主的西洋古典圖案已經漸漸不再那麼複雜，在原本的花紋上增加讓人無法掌握的幾何學圖案，以深色的亞麻跟聚酯纖維材質搭配提花。

3 同色系但不同質感的灰色窗簾布

絲跟棉混紡出來的緞布搭配100%純亞麻布窗簾，相同的灰色系搭配不同質感的布料，營造了波浪感，亞麻窗簾布上滾了一道灰色條紋，讓人有連接感。

1

2

3

懸掛的方法大不同

1 窗簾桿vs窗簾軌道 喜歡古典、柔軟的感覺可選用窗簾桿，如果喜歡平整、俐落的感覺則可選用窗簾軌道；因為西方國家天花板比較高，所以喜歡使用窗簾桿，對於天花板較矮的我國來說，平整的軌道依舊比較受歡迎。

2 重疊懸掛vs連成一列 將桿子或軌道做重疊安裝，可製造少許的遠近感與層次感；也可以先裝一根窗簾桿或窗簾軌道上去，接續再裝另一根。如需經常打開窗簾，或者跟房間一樣需要某種程度的保溫效果，比較注重隱私的話最好採用前者，如果窗戶比較窄小，或者是像廚房這樣不需要遮蓋的公共空間，就比較適合後者。後者方法使用的布料較少，所以比較經濟。

不藏私密技：隔間簾

如果打算裝設隔間簾， 可以試著在簾子的一邊寬度上設計花樣或圖案，當隔間簾被打開的時候，看起來就像掛了一幅畫，可以營造出獨特的氣氛。

窗簾布，三重軌道讓氣氛更加多采多姿

只要在窗簾下點巧思，也能讓居家裝潢有不一樣的演出。如果想簡單替窗簾做點變化，首先先做三條窗簾軌道，三條窗簾軌道上掛上不同顏色與材質的窗簾布，隨便你愛怎麼搭配就怎麼搭配。

如果考量窗簾的功能，最裡面的軌道可以掛上半透明的絲質窗簾布，中間懸掛可以遮擋光線與視野的遮光布，最外面的則可以選擇具設計性與裝飾性的窗簾布。三重軌道系統也可以套用整面自然下垂的隔間簾，可表現出個性；各窗簾軌道可懸掛不同顏色的窗簾布，輕輕鬆鬆就能營造想要的風格，讓居家的窗簾成為居家的特色之一。

趙喜善's 裝飾筆記 4

小東西發揮大效益，神奇**隱形術**

不管裝潢得多好，卻總是有令人扼腕的「美中不足」部分，最具代表性的有電箱、電錶以及室外升降機等，實在很想把這些東西藏起來，接下來公開的神奇隱形術，讓你可以隱藏這些很突兀卻又不可避免的物品。

把電箱漂亮隱藏起來的收納櫃

以前，不管是哪一間公寓，都可以看到電箱大剌剌的裸露在牆上，如果想要把電箱遮蓋起來，可以試試設計障眼法收納櫃，除了最主要把電箱遮蓋住的功用以外，也是裝飾整面牆壁的好點子。

裝飾牆壁的電箱

如果藏不起來，乾脆就露臉見人吧！把飯廳裡位於牆壁上下方的電箱外觀做成收納盒的形狀，再把木條分散排列在牆上，就變成藝術牆了。

裝飾與收納一次搞定

先在原來的電箱下方做一個收納櫃，再以相同的材料把兩個箱子連接起來，很自然的產生整體感。

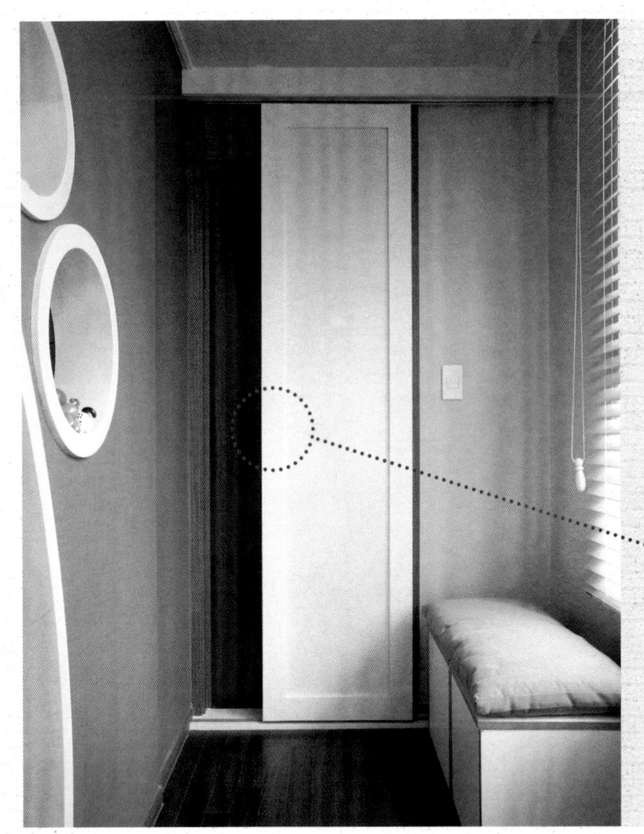

把冷氣室外機房遮起來的門

有些房間內，會有一道通往冷氣室外機房的門，雖然是無可避免的，但的確很礙眼。如果小孩房裡有這樣的門，可以設計成滑軌門，門的正面則設計成烤漆玻璃，裝飾跟實用性便一次搞定，也有更簡單的方法，譬如門片貼上壁貼，或者改漆成其他的顏色，都是增加特色的方法，也可以設計有收納功能的門，等於又多了一個收納空間，很值得嘗試。

可以塗鴉的滑軌門

在通往冷氣室外機房的入口裝設滑軌門，門的正面是背漆式玻璃，可以當黑板使用。

遮蓋管線的藝術牆

有很多新建大樓會在玄關前廳看到電錶跟管線的蹤影，若不想讓這些東西出來見人，不妨設計一道可移動的藝術牆，只要像滑軌門一樣，在板子底下安裝滑軌，就能讓凌亂的空間變整齊，而且還具有裝飾的效果。

趙喜善's 裝飾筆記 5

壁紙，讓居家氛圍更多采多姿

壁紙除了可以左右室內的整體印象，也可以應用在燈罩、相框上，更可以拿來裝飾門片，端看你怎麼應用。接下來將介紹壁紙的應用裝潢秘訣，讓壁紙可以成為裝飾品以及其他的裝飾焦點。

做成裝飾畫

可以把設計獨特的壁紙做成裝飾畫，成為家裡的裝飾品之一，也可以把壁紙剪下來放進相框裡，或者裁一片木板，把壁紙貼在木板上等，方法很多，把裝潢後剩下的壁紙拿來做再利用也是不錯的點子。製作裝飾畫時，可以把壁紙交給畫廊代為製作，成品的效果會更棒。

繪畫作品般的壁紙板

先依牆壁大小製作木板，把壁紙貼到木板上後，用黏著劑貼上陶瓷花朵，裝飾畫就升級成「立體畫」了。

不藏私密技：經濟的裝飾畫

趁木工師傅來家裡施工時，請師傅順便幫忙裁一塊想要尺寸的木板，然後等師傅要貼壁紙時，再順便請師傅幫忙把壁紙貼到木板上，非常經濟的完成裝飾畫。

裝飾收納櫃的門片

收納櫃的門片可以用貼壁紙的方式裝飾，日後可以隨心所欲換成想要的顏色跟花樣，光是更換門片上的壁紙，就可以讓家裡煥然一新，家具用再久也不會覺得膩。

製作燈罩

除了氣氛的營造，壁紙應用在間接照明上，便成為利用價值高的裝飾品；想改變燈罩花色，隨時隨地創造新風格。如果說家裡有用剩的壁紙，或者自行購買少量的設計壁紙，都可以拿來應用在燈罩上，除了可以擁有世上獨一無二個性燈具，也可以省下時間跟力氣尋找適合的燈具。

從紙裡隱約散發出來的光

壁紙做成的燈罩透過光，將紙本身特有的柔軟與低調傳達出來，替空間更添增一層寧靜、安詳的氣氛。

不藏私密技：訂做燈罩

可委託燈具商家製作燈罩，只要在商家店裡展示的燈罩中，挑選中意的類型與尺寸後，把壁紙交給商家即可。價格會隨著燈罩的大小跟製作上的難易而有變動，不過跟市販品比起來也不會貴很多。

製作裝飾牆

可以做一道裝飾牆來裝飾走廊盡頭或當電視牆使用，如果貼上壁紙，裝飾效果會更好。如果用油漆幫裝飾牆上色，或是指定特殊材料製作，日後恐怕無法做太多變化，不如一開始把裝飾牆設計成可以貼壁紙的款式，藉由更換牆上的顏色與花樣來改變居家氣氛。

1 任何人都可以是稱職的監工
2 為什麼要整修裝潢呢？
3 整修裝潢大不同
4 預算，是個問題
5 擬定施工計畫表，是聰明的裝潢關鍵
6 諮詢專家也需要技巧

「成為整修裝潢的監工吧。」

不管是誰，想把自己的家裡布置得美輪美奐的心都是一樣的；我也是在這樣的信念之下開啟了改造之路，算算也有10年了，究竟當時是懷抱著怎樣的熱情呢？該說是「初生之犢不畏虎」吧，才會一頭栽進裝潢改造的世界，當腦海裡的每個點子，全都套用在實際的空間裡，當所有的東西，全都照著我的想像一一浮現在眼前的那股快感，是筆墨難以形容的。大概因為那時候我還是個新手，光是對於自己竟然可以有這麼好的成果，就已經覺得很滿足了。隨著時間流逝，我也累積了不少經驗，甚至成了裝潢專家，回頭看看過去，發現我從中獲得的並不是只有「一間住起來舒適又漂亮的房子」，對我而言最大的收穫，就是要憑我自己的雙手改造房子的信念，這對一個普通家庭主婦來說應該是不容易的事情。我也學到教訓，明白就算傾注了所有的心力，也不見得就可以順利的完成。對了！還有一件事，不管你的預算有多充裕，也不代表你就一定可以獲得完美的結果。

給想要裝潢成功的你，最有用的一句話。

想靠自己解決所有的事情？放棄DIY裝潢的念頭吧！

對懷抱裝潢夢想的，尤其是家庭主婦，我想告訴大家一件事實，那就是：請放棄DIY裝潢的念頭吧。從各大媒體的報導得知，最近家庭主婦身上的重擔真的不是開玩笑的，不僅要煩惱子女的教育、要當先生的賢內助，有些家庭主婦甚至還要在家工作，幾乎包辦了家裡所有的事情，連同是家庭主婦的我也佩服得五體投地，對於那些精明能幹的主婦們打算一個人扛下裝潢跟改造這兩個工作，我雖然打從心裡佩服，另一方面卻覺得有點可惜，主要是因為整修裝潢這件事，並不是單純把外觀變漂亮就好的「化妝」，而是必須兼顧「內在美」才行的，這也是我自己親身經歷過的感想。就拿DIY裝潢裡最容易挑戰成功的貼壁紙來說，有一次我好不容易用低價買到高級的進口壁紙，於是照著自己的想法完成了一面藝術牆，沒想到沒幾個禮拜壁紙就剝落了，後來我才弄明白，因為進口壁紙是紙做成的，除了跟以前布質壁紙所使用的膠水不同，施工後產生的張力也會不一樣，所以直接把壁紙貼上去，是無法呈現壁紙本身風貌的。

為什麼當初我會不知道這件事呢！而且那時候也沒有人可以聽我吐苦水，只能怪自己，太過小看貼壁紙這件事情，後來累積了不少類似的經驗，到最後我終於領悟到「DIY整修裝潢」的原理，其實就是要你當「整修裝潢的監工」。

擁有精明的監工能力，裝潢就算成功了一半。

像貼壁紙這種看似簡單的「施工」，事實上是需要先進行「前置作業」，讓牆壁保持良好健康狀態的。後來我也明白，這種前置作業並不是一般人做得來的「專業施工」，在裝潢界，除非你是DIY專家，否則也只會落得拿石頭砸自己的腳的下場，也因為這樣，我對裝潢所抱持的態度改為「就算沒吃過豬肉也要看過豬走路」。

讓我產生這樣堅定信念的還有另外一件契機，那就是我曾經在某中小型建設公司做了六個月「住宅解剖作業」，身為一位室內裝潢設計師，常常接受進行房屋內部裝潢的委託，但是大樓到底是怎麼蓋起來的，我實在很納悶，所以我請建設公司讓我當三個月的約聘員工，直接到工地現場實習。一開始是簽三個月的契約，後來因故延長到六個月，老實說，在這段時間我學到的東西實在是多得無法用三言兩語表達，總之，我終於知道有哪些管路會經過天花板、室內的暖氣設施室怎麼裝、廁所裡的浴缸、馬桶還有洗臉台的排水孔怎麼連接、廚房裡的瓦斯管路以及抽風機的位置等等，這些作業全都在我眼前實地展開，所以我才明白在打通空間時，這面牆跟那根柱子為什麼不能拆掉。過去我總是紙上談兵，實習後，我總算可以親身體會並了解每個部位的功用，在我經歷了連建設公司新人都沒機會體驗到的現場實習後，我才能成為在裝潢的施工現場總是能夠信心滿滿的領導者，於是我可以提供專業師傅正確的方向，讓完成度又更上一層，讓我經手的房子成為內在美與外在美兼具的住宅。

'Basic is the Best'

忠實原味的改造
就是最棒的裝潢設計。

有這麼一句話「一瞬間的選擇會左右10年的時間。」改造裝潢也是一樣的，如果只是著重於遮瑕式的裝潢，短的話1年，最長也不會超過3年，你就會想要重新進行整修了。又譬如說，想打造一間漂亮的浴室，於是貼上最新設計的磁磚，但是卻忽略了老舊的水管，日後才發現又得重新整修，相信大部分的主婦都有過這樣的經驗。過了一段時間後，總覺得一開始挑的磁磚顏色越看越老土，對此，身為裝潢設計師，我提出「basic is the best」當作種種問題的「對策」，只要忠於原味，確實牢固地打好底基，只要裝潢整修過一次，就能舒適地住個10年以上。

如果你曾經整修裝潢過，過程有多惱人、多繁瑣、多辛苦想必已經很清楚了，有一個月的時間必須住在外面，還要整理一大堆行李，再加上還要配合每個家族成員的時間表訂定施工期間，真不是普通的累人。如此勞師動眾才完成的裝潢，要是撐不到1年就出問題呢？哇，是連我這個裝潢內行人也不敢想像的噩夢！就先接觸裝潢這一塊，以及已經進行過數百次裝潢的專家的我來下個結論：與其把裝潢的重點放在追隨流行，不如打造一個最基本牢固的家，在這裡所指的基本，指的是升級為由裡到外都很結實的家。

自始至終都要奉行的設計原則，
那就是家人的生活方式。

在進行了無數遍的裝潢諮詢，發現讓最多人頭痛的問題便是「預算」了。當你預算充足的時候，就會把專家給的意見全都付諸實現，對施工的內容也不用太過擔心，非常輕鬆。但是，裝潢改造可不是光用「錢」就可以解決所有事情的，就算有足夠的預算，也請專家來解決所有事情了，如果你無法正確向設計師表達想要的風格與模式，即使完成裝潢，充其量也只是搬到另一個需要重新適應的屋子罷了。相反的，假如你的預算不夠，就會去掌握改造的必要性與內容，也會清楚哪些部分該怎麼改變，當你具備以上的「督導」能力時，其實就不需要裝潢設計師的幫助，你只要私下請各空間的師傅過來直接施工即可，這樣除了能夠減少預算，也可以讓裝潢畫下成功的句點。

綜合我剛剛提到的兩個條件，各位應該看得出來，什麼才是完成理想裝潢的重點吧？我仍要再次強調，所有的條件並不是一夕之間就可以具備的，但這不代表沒有這樣的能力就無法進行裝潢改造，而是身為專家的我，想要強調的最終解決重點就是，假如你已經下定決心要進行整修，就要有「知己知彼，百戰百勝」的覺悟。讓自己成為總監工，有一點一定要記住，最清楚家中哪些設計不方便，哪裡出了問題，喜歡哪種風格的人不是設計師，也不是你，而是你的家人。接下來要介紹的內容，可幫助你更快成為裝潢的督導者，雖然無法稱為「聖書」，但至少是「裝潢by趙喜善」長久以來累積的經驗所得到的「秘訣」，發揮「想像力」把這些know how應用在自己家中，讓裝潢整修能有更深一層的意義吧。

為什麼要整修裝潢呢？

想住在舒適漂亮的房子裡是人類的本能。在20坪的房間裡渡過新婚生活時，心裡會想：「應該沒有地方比現在住的房子更舒適了。」有了孩子，生活漸漸忙碌後，心裡就會想：「有哪個地方會像現在住的房子一樣，既狹窄又不方便。」又過了幾年，等孩子們上了小學，夫妻倆便會開始想對策。如果不想要「整修」，那就只好「搬家」，可是想搬到比較寬敞的房子裡，哪有這麼簡單？就算搬家了，如果運氣不好，發現新家的格局一樣機能不好，豈不是比修整舊家還來得糟糕？所以為了打造理想家園，必須很認真地思考，現在住的地方有哪些空間出了問題、該怎麼改變會比較好？一旦下定決心要整修，還要經過層層縝密的思考才行，可以按照後面的check list，了解整修房子是否妥當，並且找出必須改善的空間以及整修的重點。相信經過認真思考後所執行的整修，一定會有令人滿意的成果。

*填完表格後，可以從書籍、雜誌、電影裡找出合適的設計模式，幫助你更具體表達你所想要的樣子與風格，這樣當你跟設計師進行諮詢的時候，雙方可以溝通無礙。

你準備整修房子了嗎？

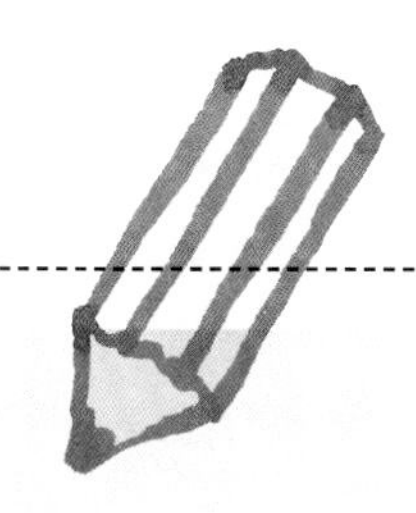

進行修整前必須確認的事項 check list for remodeling

1. 為什麼要整修呢？

好好想一想，到底是基於什麼理由想要徹底整修房子。

□ 純粹只是看膩？
基本設施跟空間上的格局沒有問題，只是單純想要改變居家風格？如果是這樣，可不必改變空間機能與構造，比較簡單的方法是改變家飾品跟基礎裝潢材，就能轉換居家氣氛。

□ 屋內設施老舊嗎？
試著檢查暖氣設施、水管、窗門等的狀態，如果有因為老舊而造成不便的設施，可以把整修的重點放在設施的維修與加強上，藉由整修讓居家更舒適是睿智的選擇。

□ 收納空間不夠用？
是什麼原因造成收納空間不夠用呢？家裡以什麼物品居多？釐清家中是書、衣服還是碗盤居多，依照生活物品的特徵，設計收納系統與規劃擺放位置，這樣才能完成讓大家都滿意的成果。

2. 預設的居住期間是多久？

事先估算經過這次整修後，大概會住多長的時間，淘汰掉不須投資的地方，如果有賣掉房子的打算，也能先確認屋內的設施是否可以做折抵。

3. 仔細確認家人的生活方式！

整修房子必須以使用者為重心，因此一一確認家人的期望，並考量全家人的生活方式是非常重要的。蒐集所有家族成員的喜好與需求，並找出共通點，然後將這些意見反映在設計上。

□ 家裡的人口組成？

□ 家中各空間主要從事哪些活動？

□ 必要的空間與不必要的空間？

□ 家人希望擁有那些新空間？

4. 區分好要保留的項目以及需要更新的項目。

雖說房子即將進行大翻修，但是總有一些因為家庭因素、個人因素而必須保留的部分，為了得到令人滿意的整修成果，區分好要保留的項目以及需要更新的項目是有利的。舉例來說，如果堅持「不管怎麼樣，修整完後的房子必須要能襯托現在的沙發」，那麼整修裝潢時，就必須先從客廳開始設計。

□ 可以丟掉的家具跟絕對不能丟掉的家具？

□ 哪些電器需要丟掉，需要添購哪些電器？

5. 想要什麼樣的居家風格？

光是住起來舒服便利還不足以稱做是一間完美的房子，需要加上主人夢想中的居家氣氛才是成功的整修裝潢，試著具體、仔細地記下想要的風格，並且鉅細靡遺蒐集詳細資訊，這些都能幫助你了解想要的風格。

□ 喜歡什麼樣的裝潢風格？
決定喜歡的裝潢風格，例如時尚還是古典，如果一時之間無法下決定，可以從電影、裝潢雜誌、專業書籍出現的範本挑選，打造全家人都喜歡的風格是整修裝潢最重要的目標。

□ 列出討厭的項目
整修房子時，想進行的項目會變得越來越多，這是人之常情，萬一無法適當克制，恐怕會弄巧成拙，設計想要的風格時，最好能具體列出討厭的要素，以及絕對不考慮的項目，等這些不受歡迎的項目一一被剔除，剩下的就是可以欣然接受的部分了。試著列出討厭的顏色、裝潢材、照明設計，甚至是壁紙花色、布料質感等等。

該怎麼改造自己的房子呢？

並不是把整間屋子都拆掉才算高明，有時候只需要少部分進行整修，照樣可以打造舒適的家。把房子大卸八塊的作法，除了不是很經濟，就環境保護的層面來看也是一種損失。當你下定決心要整修房子，一定要了解是所有空間都要翻修，還是只要少部分「修改門面」就好。

整修vs裝潢

如果你已經很認真思考過為什麼要整修房子，那麼下一個步驟就是決定「施工的形式」。近來大家所認知的整修，是指改變房子的格局以及整個空間的用途，裝潢則是藉由更換裝飾空間的表面材料來改變居家的氣氛。等你仔細把想要整修的項目列出來後，如果發現自己需要的，並不是改變舊有空間的用途或改變房子的格局，而是把焦點放在改變居家氣氛的「裝潢」，那麼你就可以藉由更換裝潢表材，或者訂做收納櫃與隔間牆來達到「裝潢」的目的。所以，當你下定決心要翻修房子的時候，先確認是不是只靠簡單的裝潢就能達到你的需求，還是真的需要整修房子。

什麼是居家裝潢？

整修跟裝潢的差異點在哪？簡單來說，裝潢是整修工程的一部分，如果說整修是會進行空間擴張、改變結構與格局等建築性質的施工，那麼裝潢就是進行壁紙、地板的更換，以及像布置、更換門窗、製作隔間牆、訂做收納櫃等比較簡單的施工內容。剛搬入中古屋時，發現屋內的硬體設備不會太老舊，這時就可以只採用裝潢的方法，優點是價格比整修來得便宜，而且施工的時間也不會太長。

你下定決心
要整修房子了嗎？

整修裝潢成功的know how

1
修繕線板、門片的基礎整理

只要好好整理房屋的基礎，就能呈現出洗鍊的氣氛。在裝潢過程中，最先要進行的就是基本的修繕，先確認是否中意線板、門片與門窗的顏色，如果想要換顏色，可以選購想要的顏色與質感，然後以重新貼皮的方式處理。

try it 線板與門片在進行貼皮之前，先考量屋內家具的顏色、壁紙的顏色等等，再挑選搭配的顏色，舊的壁櫥也可以用貼皮的方式進行修繕。

2
利用家飾與壁紙的顏色與花色轉換居家氣氛

如果不想整修，卻想改變居家氣氛，壁紙跟家飾就是你的最佳法寶；可挑選跟現有家具與線板顏色搭配的顏色與質感，自然而然達成協調，而且也有一種洗鍊的美感。像這種基本風格，就算時間過得再久，也不會覺得俗不可耐。

try it 選擇質感高級細緻的壁紙與家飾，可維持長久的舒適感與洗鍊美感，顏色華麗且有明顯花紋的壁紙跟家飾，可以為家裡注入生氣，有讓人眼睛為之一亮的效果；布置家裡的時候，別忘記利用這兩種素材凸顯特色。

3
改變家具位置，也能有改變格局的效果

只要稍微改變家具的擺設位置，就能讓家裡的格局有全新的感受。舉例來說，通常屋內的沙發擺放位置，總是向著電視牆，所以看來看去客廳的布置好像都差不多，臥室跟書房也是如此；進行裝潢的時候，不妨改變家具的擺設位置，也許會有意想不到的效果。

try it 讓房門打開時能夠看到書桌的正面，這樣坐在書桌前不會覺得悶，而且當門打開時，也更能凸顯房間的特質。

4
照明可以營造氣氛

只要在天花板、隔間牆跟裝飾牆上裝設間接照明，就算不必額外添購燈具，也能呈現出俐落、時尚的感覺，晚上還會散發隱隱約約寧靜的氣氛，讓空間看起來更加立體。

try it 藉由燈具的照明可以提高裝飾的效果，其中又以吊燈為最使用強調造型美感的吊燈，除了替空間營造華麗感，吊燈本身也是目光停留的焦點。20～30坪房，吊燈裝設的空間最好在客廳與飯廳兩者之間選擇一個，空間聚焦的效果會更好。

5
訂做收納家具，創造新空間

不管是裝潢還是整修，收納都是必須解決的問題。裝潢時，可透過修改、加強讓原來的收納櫃更加實用，讓收納系統的實用性升級一層，另外，在家裡的畸零空間設計收納櫃也是不錯的點子。

try it 如果是新建的大樓，只要仔細尋找，便能在玄關前廳、陽台兩側、牆柱與牆面上發現許多畸零空間，不妨在這些空間上設計合適的收納家具，區分出普通收納與隱形收納，依照收納物品的種類，設計所需的壁架跟抽屜。

最佳效果的整修關鍵

希望整修一次就能維持10年的新鮮感？乍聽之下似乎是過於貪心的想法，但是，想讓付出值回票價的想法也是人之常情。進行整修裝潢時，如果可以牢記底下幾件事，就能打造舒適的家，住10年也不必再花錢整修。

1

忠於基本風格

不管當初的改造有多完美，只要經過幾年難免會開始生膩，在這樣的考量下，進行整修裝潢時，盡可能挑選比較基本的風格，日後只要再添加一些特色就能有不同風格的展現，轉變的空間也比較多。

try it 像窗簾、壁紙、櫥櫃等等，都是改變氣氛的好幫手，整修改造的時候可以把一些家具設計成可自由更換壁紙的形式；像裝飾牆跟櫥櫃的門片，一開始就設計可換貼壁紙的形式，窗簾的軌道也做成三道，以利更換不同的窗簾，做更多混搭的嘗試。

2

修繕老舊設施為首要

越是老舊的房子就越需要做設施的診斷，就算房子裝潢得再漂亮，看起來再舒適，如果沒有好好整頓內部的設施，等哪一天出問題的時候，恐怕還會落得重新整修的下場。就算是新房子也不能百分百放心，切記，整修房子的時候，一定要檢查並修繕屋內的設施。

try it 最好請專家幫忙診斷設施，不過再怎麼厲害的專家，也有失手的時候，如果是已經住過一段時間的房子，你應該很清楚屋況，要鉅細靡遺地把平時發現不方便，或者覺得哪裡怪的地方告訴專家，如果你買的是二手屋，就必需先向前屋主確認屋況。

3

把躲起來的空間，作精打細算的利用

訂立良好完善的整修計畫，就能分享空間變大的成果，其中成敗的關鍵在於你能找出多少的隱藏空間，盡最大的努力尋找房子裡的畸零空間，並且細心觀察是否可以把這些零碎空間轉換成有用的空間。

try it 也不是說找到越多空間就一定越好，要賦予空間使用機能才是有用的空間，假設家裡其實沒有太多的雜物要收納，卻還是把所有的畸零空間都設計成收納空間，反而感覺很累贅。不符合實際需求，相對使用度也就會降低，所以先決定好用途，再尋找家中的畸零空間是很重要的。

4

確認施工表是最經濟的

不管是交給專家處理還是自行委託包商整修，最重要的莫過於施工行程表了。萬一有哪個階段的施工不完全，或者突然想改變心意做變更，都會造成時間與金錢上的負擔。

try it 學會看懂施工表就能知道施工進度。例如說在木工師傅施工到家裡施作之前，可以把要請師傅額外幫忙的部分寫下來，等施工的日期一到，就能把握時機請師傅幫忙。木工的部分進行完成後，可確認有沒有剩下的材料，如果有，可以請木工師傅幫忙製作裝飾用的木框，也可以活用拆除下來的木材做。

5

家人才是重心

很有趣的，握有整修房子主導權的人不是家裡的大總管，很多時候都是由丈夫執刀，因為丈夫才是真正握有經濟大權的人。有一點不要忘記，整修房子的目的，就是為了讓家人住得更舒適、更幸福，設計時，盡量尊重各空間使用者的個性，至於開放使用的空間，則是綜合大家的意見後反映到設計上。

try it 進行整修諮詢或訂立整修計畫時，盡可能請家人寫下對空間的期盼。除了對個人空間的意見，寫下對公共空間的期許也是一個重點，互相討論顏色、材料與用途等等，這麼一來修整裝潢完畢時，滿意度也會比較高，而且也會更愛這個家。

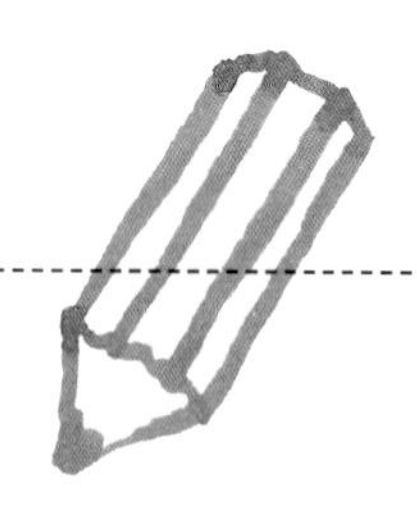

整修裝潢概念設計表
remodeling design concept sheet

針對每個空間的改造做了底下的整理，確認底下的事項後，就能勾勒出改造的藍圖。

玄關	客廳	飯廳	臥室
面積:	面積:	面積:	面積:
主要風格	主要風格	主要風格	主要風格
顏色與裝潢材料	顏色與裝潢材料	顏色與裝潢材料	顏色與裝潢材料
可以丟棄的家具跟設備	可以丟棄的家具跟設備	可以丟棄的家具跟設備	可以丟棄的家具跟設備
需添購的家具跟設備	需添購的家具跟設備	需添購的家具跟設備	需添購的家具跟設備
要修改的部分	要修改的部分	要修改的部分	要修改的部分
千萬不能動的部分	千萬不能動的部分	千萬不能動的部分	千萬不能動的部分

小孩房

面積:

主要風格

顏色與裝潢材料

可以丟棄的家具跟設備

需添購的家具跟設備

要修改的部分

千萬不能動的部分

書房

面積:

主要風格

顏色與裝潢材料

可以丟棄的家具跟設備

需添購的家具跟設備

要修改的部分

千萬不能動的部分

交誼廳

面積:

主要風格

顏色與裝潢材料

可以丟棄的家具跟設備

需添購的家具跟設備

要修改的部分

千萬不能動的部分

浴室

面積:

主要風格

顏色與裝潢材料

可以丟棄的家具跟設備

需添購的家具跟設備

要修改的部分

千萬不能動的部分

不管是整修改建還是裝潢，預算都是最重要的問題，就我進行過這麼多的整修諮詢經驗來說，十個之中有九個人坐下來之後，不是先跟設計師討論修整改建的內容，而是先公佈自己的預算，探探設計師的口氣是否足以進行。對於這樣的現象，就專家的立場看來，是一件很傷心但也不得不承認的殘酷事實，雖然錢是現實的問題，但是找到「可以遷就業主預算」的設計師恐怕是微乎其微。現在，我會一一揭曉整修過程的每一筆預算，希望大家能明白為什麼需要這麼多費用，大家只要仔細確認每個項目，就能知道將來該節省或增加哪個部分的費用，讓整修的成果有更盡人意的表現。

預算，
是影響裝潢改造的關鍵。

編列預算時，需先了解的基本資料

must know 01

看得見的費用vs看不見的費用

原本以為這樣的預算應該足夠進行整修房子，沒想到設計師卻問我：「有辦法再增加預算嗎？」

只要是曾經向裝潢公司詢過價的人多少都有過這樣的經驗，心裡想著：「怎麼會需要這麼多費用！該不會是報貴了吧？」眼睛一瞟，向設計師無言的抗議，雖然我不敢說100%不是報貴，但是對於費用的誤解都是從這裡開始的，還是該說是看得見的費用與看不見的費用之間的差異呢？其實現在有很多資訊都直接在網路上公開讓人點閱，所以包括裝潢材料在內，所有的費用應該是可以估算出來的，在這樣的背景之下，整修房子的花費的確是可以算得出來的。

但有一點需要注意，剛剛所提到那些公開的費用只是整修費用的冰山一角，其實還有50%以上看不到的部分也需要費用支出，加上看不見的費用後，才能說是一份完整的費用。施工費用是看不見的費用的最大宗，而且還會依照施工的方式、師傅等級、施工人數、施工天數的不同而有十萬八千里的差距。

不只是這樣，還有另一筆附加費用，這也是無法忽視的變數。如果需要將老舊的設施汰舊換新，就會伴隨施工費用與設施本身的費用，由於只有專業人員才能進行估價，所以就委託者的立場來看，難免會產生誤會。在編列預算時，如果能夠同時考慮看得見的費用跟看不見的費用，就不會發生誤解或浪費時間了。

＊本書所有裝潢費用都以韓國物價為準，僅供參考。建議讀者進行裝潢前，先諮詢裝潢工作室或建材廠商。

最好先了解的費用項目

以下是務必要確認的代表隱形項目。看不見的費用會因為房子狀態的不同而有變化，以底下的內容為參考準則，檢討有沒有被遺漏的部分。

□ 拆除

■看得見的費用：施工費用。

■看不見的費用：廢棄物的處理費用（需確認是不是被含在人工費裡）。

□ 貼壁紙

■看得見的費用：壁紙、施工費用。

■看不見的費用：依牆壁的狀態進行補洞或打底所衍生的材料費與施工費用。

□ 地板

■看得見的費用：地板材料費。

■看不見的費用：如果地板狀態不好，會有修繕費。

□ 廚房

■看得見的費用：櫥具費與施工費用。

■看不見的費用：水龍頭、瓦斯、抽油煙機位置移動時所需的施工費用。

□ 窗戶

■看得見的費用：窗戶材料費與施工費用。

■看不見的費用：隔熱材料與施工費用，如果想提高窗戶的功能，就必須一起做隔熱處理，如果窗戶的狀態良好，可以持續沿用，假如很老舊了，就一定要更換。

□電器

■看得見的費用：專業技術人員的施工費用

■看不見的費用：電線更換費用與電力升壓施工費用，天花板材料費與施工費用等，如果電線過於老舊導致電力不足，也必須全部換掉，移動配線位置時會敲開天花板施工，此時如果天花板太老舊，也必須更換或進行維修。

must know 02 施工費通常是材料費的三倍

假如你已經決定好哪裡要更換什麼材料，原則上就已經能夠算出實際費用了。不過，可別忘記把施工時衍生的施工費用一起計算進去，施工費用只要想成是材料費的三倍就可以了，雖然不是正式的通用公式，但起碼是我過去15年現場施工的心得，應該也不會差太多。既然費用已經估算出來，為了讓費用更精準，可以向包商確認工程預計花幾天進行，以及出工的人數，有了這次的經驗，相信你也可以憑「直覺」估算其他部分的費用。

tip 材料費與施工費成正比的理由？

拿裝潢材料來說好了，就算是同種類的產品，進口商品一定會比較貴，如果是國產品，也會因為是不是大牌子價格也會有所差異；施工費用之所以會隨著材料費的高低成正比，是因為選擇昂貴的高級材料時，必須請對此材料專精的高級師傅施工，當然如果選擇比較大眾化的產品，材料費跟施工費用也會相對較低。

*了解材料費與施工費用會依照市場原理而成正比。

must know 03 個別施工vs整體施工

如果選擇整體施工，負責工程的包商或者統包的設計師會負責連絡與安排施工的日期，所以委託人用不著事必躬親；如果是個別施工，就需要個別連絡拆除、設施、木工、油漆、擴建等項目的施工人員，一起擬訂時間進行施工，如果是這樣，就需要一個對這些領域有充分經驗跟知識的人來處理，才能獲得令人滿意的結果。在相同的條件下（改造的坪數、使用的材料、設計都一模一樣），個別施工的費用會比整體施工便宜20%左右，如果考慮縮減整修裝潢的預算，可以考慮以個別施工進行。

tip 個別施工，需俱備督導的能力

個別施工的費用的確是比整體施工的費用來得低廉，但是卻無法保證房子整修裝潢過後的成果，因為整體施工主要是由經驗豐富的裝潢業者或是設計師統一發包，個別施工就只能靠自己盡心盡力督導，如果你的經驗很豐富，那就另當別論，如果是初學者，則必須收集充足的資料並透過自身的「研究」俱備督導施工人員的能力，當然，本書的內容就是要幫助你養成督導的能力！

must know 04 比較報價，比較細部內容

先來了解為什麼鎮上的裝潢業者跟設計師所提的報價會有差別。裝潢業者通常已經有過很多類似的施工經驗，自然清楚房子結構上的問題，對設施上的缺點與老舊狀態的判斷也很了解，對基礎的設施很在行，但是會把使用的材料與施工方法目錄化，所以不能期待裝潢廠商會變出什麼新風格出來。相反的，如果委託設計師處理，的確可以期待設計師幫你創造出有個性的空間，但是設計費用則是另外計費，這也是為什麼兩者的報價會有差異了，先撇開設計費不談，比較報價的時候，不要比每坪的施工價格，而是要以共同的細部項目價格做比較。

must know 05 先考量未來因素再抓預算

先檢查房子的「健康狀態」，確認設施有沒有過於老舊後，再依此條件計算費用。在此，必須同時考量的還有居住時間的長短，假如打算住5年以上，那麼房屋內部的基本設施要做維修保養，建議最好連外面的窗戶一起整理，如果只打算住3年以下，針對基本設施可做重點式的維修與保養。另外像空間上的改建與壁櫥等家具的安裝，就跟居住時間沒有關係了，只不過如此大費周章的改建以及安裝家具，會不會影響日後房屋的買賣，恐怕得先做好打聽的功課。

tip 賣房子時加分作用vs減分作用

或許房子在居住上非常舒適，但可不代表所有改造過的部分，在賣房子時一定能有加分作用。在確認施工項目預估費用時，最好能先列出將來如果要賣房子，那些項目有加分效果，哪些項目則可能減分，自然就知道哪些地方的預算要增加，哪些部分的預算要減少，可以更有效的分配資金。舉例來說，幾乎所有人都會喜歡客廳與比鄰房間打通的格局，這時候如果連新空間的暖氣、隔熱設施都能做好完善的規劃，相信在日後買房子時一定可以成為籌碼。

想阻止費用激增嗎？

皮膚管理如果做得好，上完基礎保養後，妝自然就能畫得好，房屋的整修裝潢也是一樣的道理。只要房子的基本硬體設施健全，就能打造出舒適、漂亮的家。「一定要整修的部分」的預算一定要排在「想整修的部分」的預算之前，估計費用時，如果沒有把整理房屋老舊設施的項目考慮進去，在收到專業人員的報價單時，恐怕會被天外飛來一筆的設施維修保養費用嚇到，說不定還為此放棄整修房子的念頭，因此，估費用之前，先了解房屋裡有哪些基本設施，並一一實地確認狀態。

窗戶

一般屋齡14年以上的公寓或住宅，如果從來沒更換過外框，那麼窗戶的功能很有可能會降低，如果要把30～40坪公寓裡客廳、雜物間、臥室的窗戶全部汰換掉，花費可能會落在200,000～250,000元左右。

更換
- ☐ 隔熱機能不佳，冬天的時候冷風會灌進屋內。
- ☐ 外框與牆壁之間產生龜裂，下雨時地板都會積水。
- ☐ 窗戶跟外框無法密合，窗戶關不緊。

重建 要是屋況本身過於老舊，即使更換窗戶也無法改善隔熱機能，這時外窗原封不動，再加一道外層窗即可，以30～40坪的公寓為基準，裝設外層窗費用約65,000～90,000元，如果你希望藉由更換外框的顏色改變室內的氣氛，可以以貼皮的方式修繕，替窗戶外框進行貼皮時，門片跟門框也可以順便更換，看上去會更整齊劃一，以30～40坪的公寓為基準，貼皮的費用約為65,000～77,000元。

修補瑕疵 不管你有沒有打算把房間打通，建議最好整理一下窗戶的外框，所謂的整理，是指把窗戶跟牆壁之間的龜裂補好，通常屋齡在邁入第八年的時候，會用矽利康把龜裂的部分補起來，這對隔熱跟屋況的維持都有幫助，外部窗戶的矽利康填補施工費用會隨著層數的不同（是否需動用到吊籠或升降纜線）而異。

> 水管進行大撤換時，就必須重新鋪地板與貼壁紙，這點須留意，如果不打算更換地板跟壁紙，也需事先估算此筆費用。
>
> 不藏私密技

管路

更換 老舊公寓裡的管路、浴室洗臉台等的水管管路極有可能會漏水，所以一定要測漏，如果即將入住到新家，而且屋齡超過10年，最好可以請專門測漏的業者過來檢查，如果知道正確漏水的位置，只要針對那段管路做更換即可，要是查不出來哪裡漏水，則建議換掉整個管路。更換水管時，如果施工品質太粗糙，可能會引起其它問題，對此要做好防範，而更換水管時會有拆除費、施工費等費用產生，也會增加施工時間，以30～40坪為基準，花費約116,000～155,000元。

考量投資優先順序的預算戰略

想要以有限的資金把房子整修到好？除了讓房子變得更舒適以外，也要把施工的焦點放在可提高房價的部分上。

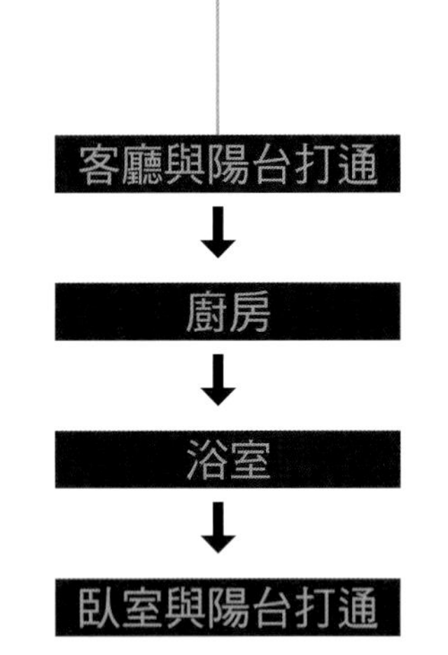

改變格局與擴張施工

客廳與陽台打通　整修改造房子時可優先考慮把陽台跟客廳打通，除了空間可變得更寬敞，對將來房子買賣也很有利，建議規劃好打通後空間的隔熱及暖器設施。

遷移與擴張廚房　不管是把廚房遷移到雜物間，還是跟其它空間合併，都要記得重新規劃便利的動線，可成為日後買賣房子時的籌碼，廚具的更換與收納系統的設置也很重要，最好能設計吧檯，讓空間的組成更加完美。需依照廚房的面積與選用的建材決定是否要進行擴張或添增設備。

浴室　就浴室來說，基本設施是否堪用、防水處理有沒有做好、牆面跟地表是否乾淨衛生，都是很重要的。只要基本設施堪用，就算只有更換磁磚，也能加長浴室的使用壽命，要是打算更換浴室裡的設施，建議更換的順序為馬桶－洗臉台－浴缸，浴缸太老舊需要更換時，可以考慮是否改以淋浴間代替，如果家裡沒有幼兒，其實淋浴間會更實用，要是家裡有兩間浴室，可以考慮把其中一間浴室改成乾式浴室，單純做洗臉洗手用途，但是，乾式浴室日後可能會成為賣房子的不利因素，須慎重考慮。

臥室陽台　最好先想好用途，再把臥室跟陽台打通，尤其是空間擴張後的收納，該怎麼做必須先想好對策，如果原本的陽台提供收納與晾曬衣服的空間，先想好打通陽台後的收納與晾曬衣服的問題再進行施工。

木工

木工是左右一間房子最基本的因素，估價時可分兩部分，一是一定要更換掉的東西，另一個是只要進行修繕的東西。

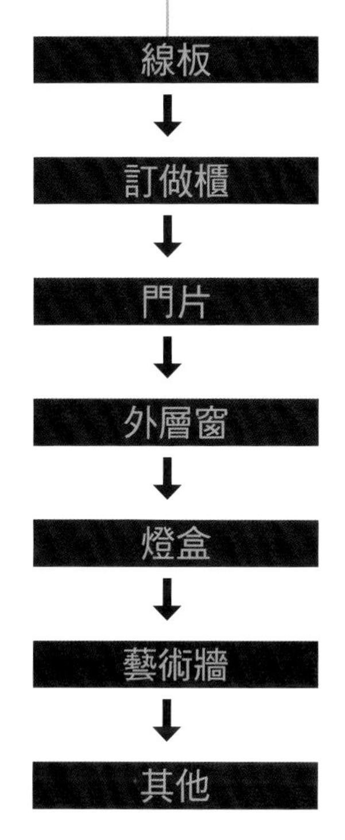

線板　線板能夠凸顯房子的整體線條，是營造氣氛的必備要素，線板的顏色建議使用白色或黑色等基本色，由於重做新線板的費用跟修繕線板的費用不會差太多，如果線板太老舊，可以直接更換新的，至於線板的修繕，大致上有上漆跟重新貼皮兩種方法，兩者的施工費用跟材料費差不多，依照自己喜歡的方式進行即可。

訂做櫃　解決收納最重要的功臣，是家裡一定要具備的家具。先檢視家裡的臥室、玄關、打通後的陽台空間、雜物間、廚房等空間，預估那些地方一定要裝櫃子，然後再估費用，當然，也可以沿用舊的收納櫃，此時需把木作的費用，或者進行油漆、貼皮的費用一起算進去。

門片　如果門片下垂或無法順利開啟，就要換新的，更換新品的價格每個門片大概是4、5,000元，萬一不是規格品，或者想在門片上開小窗或做些裝飾，約需要15,000元。如果門片狀態良好，單純只是想把顏色換掉，就能以修繕的方式進行，只要重新上油漆或重新貼皮即可，如果需更換把手跟小絞鏈，則會有額外的費用。

外層窗　格子窗或百葉窗的外層窗是讓室內更添一層寧靜、優雅的室內單品，要是嫌原來窗戶的外框過於老舊，用外層窗掩蓋也有效果，因為不是必要性的項目，所以採部分安裝是較經濟的作法，萬一無法裝設外層窗，改成木製百葉簾也是不錯的方法。

燈盒　如果家裡每個空間的天花板都要裝燈盒，一旦木作施工量增加，費用也就跟著增加，我比較推薦優先裝設燈盒的空間是客廳，因為客廳除了是屋內的第一印象也是面積最寬敞的空間，燈盒可以讓客廳看起來更俐落，效果很好，如果預算充分，可考慮同時裝設燈盒跟間接照明，更能強調立體感。

藝術牆　通常裝在客廳一邊的牆上或者把走道盡頭的牆壁設計成藝術牆，具有裝飾效果，藝術牆是利用板子做成的，可以讓空間更有立體感，裝飾效果也很好，但是光是一面牆就要價20,000元以上，因此算是附屬選項，預算不足時可不必考慮進去。

裝潢材料

諸如肩負房屋風格的壁紙、家飾布置、照明等施工內容，會因為個人的喜好，預算有天壤之別。到底要選擇最新的設計還是最好的設計？如果選擇最新的設計，的確可以讓屋子呈現出時尚的美感，但相對費用也會很驚人，如果可以不考慮流行趨勢，選擇較耐用的設計，除了價格包君滿意之外，也會有一定的裝飾效果。

家飾品　床包、窗簾、抱枕等這些家飾品的預算最好抓得寬裕一點，畢竟當房子裝潢後，這些家飾是居家風格印象的主舵手。了解市售品跟訂做品哪一個比較經濟實惠是一定要做的功課，可在布料行買布料製作，也可以請專門的家飾設計公司訂做，或者直接在家具店裡買現成的，一定要先了解價格，以30～40坪為基準，包含床包、窗簾跟抱枕在內的家飾預算，每坪最低需抓2,600元的預算，布料的品牌跟材質會影響價格，如果打算以訂做的方式，記得把施工費用、設計費跟安裝費加進預算的項目裡。■

■ tip 以百葉窗代替窗簾

窗簾佔了家飾費用的最大比例，可用捲簾、木製百葉窗來代替窗簾，別忘了比較哪一種好搭與划算。

照明　編列照明預算之前，先決定是否要裝間接照明，預估嵌入燈與裸露燈的預算。雖然間接照明本身的費用低廉，但是因為需要嵌入天花板跟牆壁，會產生木工費跟水電施工費，裸露照明可選擇有造型美感的吊燈，設計感與品牌會影響吊燈價格，當然嵌入燈也是一樣，裝設吊燈或嵌入照明時，需事先計算出所需數量與喜歡的設計品牌。■

■ tip 照明預算的方法

由於吊燈本身裝飾性質比較高，屋內只要有兩個空間使用吊燈即可，裝在飯廳跟臥室的效果最好，如果客廳是挑高設計，也可以裝設吊燈，一般而言客廳通常裝設嵌入燈效果會比較好。

壁紙　說壁紙是「房子的皮膚」並不為過，所以選擇時要更加謹慎。預估壁紙的費用時，先要決定壁紙的種類，通常進口壁紙的基本單價一定會比國產的壁紙貴；估算壁紙費用時，別漏掉貼壁紙的施工費，要注意的是，進口壁紙的施工方法比較囉嗦，使用的膠水也跟一般不同，施工費用也比較貴，屋內所有的牆壁是否都要貼一樣的壁紙，或者每個空間貼不一樣的壁紙，會決定牆壁是否需要進行打底，隨著打底方式的不同都會影響費用，考量所有條件後，再列出最合理的預算。■

■ tip 基本款的壁紙是最經濟的

壁紙是改變室內氣氛最好用的素材了，如果對壁紙沒有特殊要求，可以選擇簡單耐看的顏色與花樣，如果擔心會有看膩的一天，可以在重點空間貼上有特殊花紋或圖案的壁紙。

該怎麼安排施工計畫表呢？

就算沒有辦法像裝潢設計師進行改變房子的格局、變更房子的結構或用途，像水電、製作隔間牆、裝設壁櫥等簡單的改造施工與裝潢是可以自行外包找廠商施作-的。這時施工計畫表的擬定就是關鍵了，施工計畫表如果安排得宜，就可以在師傅來家裡施工時把該完成的全部完成， 如果東漏西漏，就要請師傅跑第二趟，這麼一來就會有費用上的問題，建議先參考專業的施工計畫表，依照各項施工項目排定日期後請師傅過來施工。

整修順序

專業設計師擬定的施工順序多少會因人而異，大致的順序如下。

1: 拆除

把要更換的東西全部拆掉

仔細把要撤換掉的部分整理成清單，然後交給負責拆除的負責人，由於工人在進行拆除的時候，絕對不會亂動到清單以外的項目，所以最好可以鉅細靡遺的全部列進去。舉例來說，清單上雖然有列到地板拆除的項目，但是並沒有把地板腳座寫進去，所以工人在進行拆除時，就會保留地板的腳座，等以後正式要鋪設地板時，還要委託鋪設地板的人員幫忙拆除，這樣費用會增加，也會拉長施工的時間；還有一點要特別留意，因為廢棄材料是拆除的工人負責清理，萬一另外再請人拆除東西，可能會有一筆垃圾處理的費用。

2: 設備

賦予房子機能的重要過程

像是暖氣房、水龍頭、瓦斯、空調／抽風機、廁所水龍頭配管等基本設備的遷移或維修保養，都屬於設備施工階段，施工時可分別請各領域的專業人員進行，至於瓦斯，一定要委託瓦斯公司過來處理。

ex 遷移設備的時候，最好能記住舊的裝設位置，因為將來賣掉房子的時候，新屋主有可能比較喜歡舊設施的位置，這個動作是為了將來有可能遇上把設施的位置恢復原狀的情況。

6: 流理台

一定要驗收基本設施的施工結果

先確認廚具的施工、洗手台跟瓦斯爐、抽風機等位置的遷移是否完成後再進行裝設流理台，抽風機的施工含在流理台施工內，可以請安裝櫥具的專業人員安裝，瓦斯管路的施工則務必要請各地區的瓦斯公司負責。

ex 安裝流理台這類機能性設施時，一定要在施工後立刻確認功能是否正常，檢查排水是否通暢、瓦斯有沒有接好、有沒有正常送電，全部都要仔細檢查過一遍，如果到入住後才發現問題，進行維修跟加強會比較麻煩，最好能在施工後立即做確認。

7: 地板施工

掌握地板材質的特性

地板的施工會隨著材料種類的不同，需要一些前、後置作業，強化地板跟原木地板的施工方法與前置作業並不相同，如果是鋪設地磚，也會因為特性的關係，也會需要不同程度的前置作業。

ex 如果所有空間的地板材質相同，施工時間只需要一天即可，如果每個空間的地板材質不同，除了施工時間會拉長，施工的團隊也有可能不同，木地板有專門的施工團隊，貼地磚也有另外的團隊負責，如果各空間的地板材質不同，要特別注意地板分際線的收尾以及銜接的水平問題，一定要事先跟各施工團隊做好協調，也別忘了事先確認地板底座是否需要重做。

3: 木工

房子骨架的基礎施工

只要是跟房子基本骨架有關的，都算在木工的範圍內。線板、門片整修、牆壁整修、隔間板、天花板、燈盒製作，以及隔熱施工等等，都是木工的代表項目。進行木工之前，先把相關的施工項目整理好，另外，像牆壁的材質（材質會影響前置作業，需視情況決定是否需要釘木板），牆壁上需不需要裝設掛鉤，天花板要裝什麼類型的照明等，把需要用到木工的項目詳細的寫出來，就能先估算木工的施工量，對安排施工行程也有幫助。

4: 電氣

決定用電位置是關鍵

只要是跟電相關的都算在此項目裡。例如有照明位置的改變與安裝、變更插頭位置，以及用電升壓等，電氣施工部分一定要委託專業的水電師傅過來處理，電氣的施工日期最好能跟木工的日期一起配合才有效率，例如施作隔間牆時，如果隔間牆內需要插頭，此部分就必須委託專業的水電師傅處理。

ex 決定電器用品的擺放位置再進行水電施工。先規劃冷氣、家庭劇院、冰箱、洗衣機、電磁爐、廚房用小型家電等是否需要作嵌入式的設計，接著再進行配線作業，這樣電線就能有更妥善的處理，除此之外，預估家電用品的消耗電量，看需不需要進行升壓，讓所有問題可一次解決。

5: 磁磚施工與粉刷牆壁

室內的印象整齊俐落的施工

像化妝室、廁所的磁磚，還有門片、壁櫥家具等，對木作物進行的粉刷與貼皮等內容，施工範圍越廣，所需的時間就會越長。

ex 貼磁磚之前，底基的前置作業會隨著磁磚的種類與黏貼的位置而不同，除了基本的水平之外，有用到水的地方都要做防水處理，如果採用馬賽克磁磚，由於牆面需要非常平整，所以有時候會釘板子來改善水平不整的問題，因此，對於磁磚的施工，須先確認這兩者的關係，才能知道是否需要訂做板子以方便預估施工的時間。

8: 壁紙施工

貼壁紙，選擇好師傅就能成功

這裡所說的壁紙施工，除了牆壁以外，還有訂做家具的表面以及藝術牆的裝飾面，從牆壁補土到完工需要2～3天的時間，如果是進口壁紙，會依施工難易度需請專業師傅進行，可事先跟師傅確認施工所需日期。

ex 如果你打算做一道藝術牆，可趁貼壁紙的時候一起請師傅處理，也就是說在木工施作期間委託木工師傅先把藝術牆的牆板裁好，然後等貼壁紙的時候，順便請師傅把壁紙貼到牆板上，因為這樣可以節省費用，所以務必注意。

9: 電源安檢

連電源的安檢也需仔細確認

意指像照明燈具與插頭、電源的開關等最後的檢查，先把欲裝設的硬體買好，再告訴水電師傅這些硬體的特性，如果購買較為特殊的照明，安裝的技術有可能會不同，所以一定要事先告訴水電師傅東西的特點。

ex 規劃房子隔局時，如事先決定好照明的裝設地點以及照明本身的設計形式，這樣配電跟天花板的施工才能更加完善，特別是較重的吊燈或材質為鑄鐵的話，如果天花板的荷重能力不足，那麼在裝設燈具前必須進行天花板的補強施工。

10: 入住前的大掃除

大掃除讓環境更舒適

當所有的施工作業告一段落，接下來進行入住前的大掃除，進行移除與整理廢材，清潔時間雖然會因面積而異，通常只要1天即可完成，通常分成兩種，一是入住前的基本清潔，主要內容為移除垃圾與進行殺菌，二是特殊清潔，進行抗菌塗佈以預防新家症候群，可視實際情況所需進行。

該怎麼安排施工日程呢？

以20～30坪為基準，包含材料的市場調查時間，施工時間大概抓30天就可以完成；拆除、地板以及清潔各自需要1天，貼壁紙需要2天，木工的估算時間會隨著面積大小、空間是否要跟陽台打通，以及家具要配置到什麼程度等等，大概需要2～7天不等。如果不用打通空間，但是牆壁上要裝設壁架的話，木工施工約需2～3天。

至於水電的部分，就算施工內容很簡單，也要預估2天左右，所謂的2天，須配合木工重疊1天，最後完成階段的總整理也要抓1天的時間，設施的施工主要在廚房跟廁所進行，如果想改變廚房用水位置，就要含在拆除階段，大概1天內就可以完成。廁所設施的話，貼完磁磚後大概還需要1天的時間。

貼磁磚的時間會隨著空間面積與磁磚種類而有所不同，可跟施工團隊一起到現場作實地勘查，確認工作量，這樣就能精準估算出工程所需天數，底下的進度表可幫助你安排施工進度。

施工日程表

月/日	拆除	設施	木工	電氣	磁磚	流理台	地板	壁紙	清潔
3/1	■								
3/2	■								
3/3		■	■						
3/4		■	■						
3/5			■	■					
3/6			■						
3/7									
3/8					■				
3/9					■				
3/10						■			
3/11							■		
3/12								■	
3/13								■	
3/14								■	
3/15				■					
3/16									■

擬定施工表時有用的常識

不藏私密技

1: 整修前先知會相關管理處

整修前可透過區域里鄰辦公室或管理室了解施工時的注意事項、相關法律、規定，或必須嚴格遵守的事項。如果是大樓，每間大樓的管理規定皆有少許落差，要事先向管委會說明施工內容，並收到管委會的許可再進行，尤其是配線、冷氣室外機、洗衣機排水口等位置需做變更時，須事先確認有無違反規定，訂立整修計畫前，如果忽略以上細節而直接進入施工階段，預算跟結果都有可能出差錯，甚至會耽誤到施工日期。

2: 裝潢材料最好事先買好

整修改造之前，先決定使用哪種材料再開工會比較好。特別是DIY整修裝潢，那就更加要注意，大部分的裝潢書籍會提到，在施工期間決定材料即可，但這是在有專業人員協助時的情況，如果沒有先選好自己喜歡的磁磚、地板、壁紙、線板、照明、水電、洗臉台、流理台等材料，委託各包商前來施工時時極可能會產生問題，因為選擇對的施工包商才能確保行程不會被延誤到，選好材料後可以跟店家要一些樣品，或者自行照相，這樣在請包商時，就能精準讓包商知道「使用的材料」，可以幫助包商派遣適合的師傅過來施工。

3: 在施工期間列出額外的施工清單

施工團隊的費用大部分是以日計算，如果既定工作做完還有剩餘時間，是可以幫忙其它額外部分的，例如需要做一片裝飾用的木板，可確認木工師傅有沒有額外的時間，如果有就請師傅順便製作，例如打算把木板做成裝飾品，需要在上面貼壁紙，就可以請貼壁紙的施工團隊順便幫忙，諸如此類的小型施工，都可以在整修裝潢期間解決。如果你是注重經濟效益的人，可以為施工表做更縝密的盤算。

為了完成你夢想中的居家風格，必須跟室內裝潢設計師或專業的整修公司進行溝通，並且盡量達到共識；就算已經了解雙方的立場而且風格也確定了，但是在施工期間產生意見上的分歧仍是無可避免的，如果想把爭執化為轉機並得到最令人滿意的結果，那就要維持最基本的禮儀，下面介紹諮詢整修裝潢時的溝通技巧。

跟室內裝潢設計師進行談話時是需要策略的

諮詢之前先列出你的wish list

具體寫出你想要改造的部分後再進行諮詢，如果像無頭蒼蠅一樣去找設計師，那麼你只有接受設計師提議的份，當然，如果改造裝潢後的成果不滿意，你也只能怨天尤人了。

tip 如果用說的無法表達，那就提出具體的範例給設計師看，像是在電影裡看到的場景，書裡面看到的圖片，都是表達的好方法，以上的方法已經足夠呈現你想要的居家風格，這麼一來諮詢也比較有效率，只是有一點要注意，當你找設計師的時候，千萬別拿著別家設計師的作品，要求要打造成一模一樣，因為這樣的行為視同貶低設計師的能力，尤其是拿同行頗為知名競爭者的作品更加不妥當。

充分檢討相關資料

在找設計師或專業包商以前，最好能蒐集該公司或設計師的資料，作充分的了解。透過周遭朋友推薦，或是各大媒體曾經報導的設計師通常也都值得信賴，而且公信力也好，但重要的是，自己也要蒐集相關的資料再下判斷會比較妥當。

tip 最好的方法是先蒐集情報，從中挑選兩個跟自己風格較相像的設計師，再正式進行諮詢，此時可詢問設計師是否可直接到現場商談，現場諮詢也比較可靠確實。

重複的問題只會浪費時間

諮詢時想問的問題絕對不會只有一兩件，如果你是新手，那問題肯定一籮筐，如果你問的問題可以在網路上或者裝潢書籍裡找到答案，或者是每間設計公司都會做相同回答的「想也知道答案」的問題，都是浪費時間而已，針對這些共通問題可以私下尋求解答，就樣就可以把省下來的時間拿來問更多跟跟整修相關的細部問題。

整修房子時最常被問到的問題：best5

只要了解這幾個問題，就能幫你省下30分鐘的諮詢時間，你可能會覺得這些答案很陽春，但為了不讓自己跟設計師成為鸚鵡，還是先了解下列的問題跟答案。

1 費用是多少呢？

正確來說，這得透過具體報價才能知道。舉個例子好了，通常前去委託裝潢by趙喜善的業主們，會要求照我們在雜誌上刊登的樣式去改造，雖然可以說出大概的費用，但是通常都會發生變數，整修費用的報價，事實上在拆除後，看到房子內部狀態才能正式估算價格。假如基本設施不完全，費用會因為空間面積、時間、用途等而有所不同，所以無法一開始就算出價格，換句話說，整修的規模也會影響價格，每個設計師或廠商都有基準，可依此基準估算出大略的費用。

2 同樣規模的房子為什麼費用會不一樣？

這是整修老房子時最常遇到的問題，也是很多人會有的誤會，會認為既然坪數跟基本條件都很相近，價格應該依此類推就可以，其實不然。不管是多麼類似的老房子，一樣米養百樣「房」，一樣的外表，內在也是百百種，就算指名要改成跟隔壁一模一樣，但基本設施的狀態、故障程度都有可能不同，還要加上市場價格問題，種種影響下，材料費跟施工費用都有可能產生變動，或許乍看之下覺得施工內容都一樣，但別忘了考慮到材料種類、施工方法、施工費等這些肉眼看不見的項目。

3 施工時間要多久呢？

施工的時間會隨著規模與內容而差了天高地遠，以30坪為基準，最少約需要一個月左右，不用改變格局的裝潢工程也需要15～20天左右。

4 如果搬家，有辦法高價把房子賣出嗎？

不管是誰都想要打通的格局跟基本設施，投入的本錢原則上是可以回收的，像跟陽台打通的客廳，或是跟陽台打通的臥房，都有它的價值，如果這些擴張空間的隔熱、暖器設施完善，一些畸零空間也利用得當，那麼相對價值就會更高，浴室廚房的設施、窗戶的外框如果可以更換新的，那麼籌碼又更多了。不過有一點要注意，如果居家格局太過於自我，空間原來的機能完全被改掉，費用可能會折損，例如本來有兩間浴室，如果把其中一間改建成房間，就有可能會成為買賣房子的敗筆。

5 要是對完工後的成果不滿意，想要要求重做，該怎麼辦呢？

通常對裝潢材料的顏色跟花色，業主跟設計師彼此會經過充分的商量後才會下決定，幾乎很少會發生業主不滿意的情形，萬一真的不喜歡，要求重新施工，產生的費用就必須由業主全部負擔。在挑選裝潢材料時，務必要充分表達自己的意見，並且慎重挑選，可以在施工前，先跟設計師或承包商講好，請設計師或承包商告知萬一發生這樣的問題時的處理方式。

在施工期間須避免的事情

施工期間不要急著妄下判斷 如果你決定跟專業人士一起整修裝潢房子，為了讓工程更順利進行，有幾件事情必須遵守。其中之一便是「信賴」，就算雙方都是第一次見面，也是一樣。業主一起現場監工的時候，難免會產生一些小誤會，有時候會對未完成、還在進行中的施工內容表示不滿並加以指摘，基本上指出錯誤是無妨的，但如果是還在未完成階段，就開始心生不滿，恐怕會引起許多誤會，既然決定委託專業人士，就應該彼此信任到底，一起等最後結果出來才是睿智的作法；如果是在整修裝潢完後發現問題，專家會很樂意幫忙修正。

施工中絕對禁止改變心意
明明已經取得共識，而且也施工好一陣子了，突然向設計師要求改變設計，很有可能造成雙方不愉快。整修都已經進行到一半，如果硬是要求改變設計，施工費用當然會增加，而且很有可能影響房子的整體設計感，想當然爾，自然也不必期待房子的成果會有多好。其實房子就跟我們的身體一樣是有機體，基本設施跟格局也是有機關係，如果要改變一開始就談好的設計，那就跟重新設計沒什麼兩樣，改變設計，除了產生可觀的修改費用也需要更多的時間，所有的費用都必須由業主承擔。

關於合約書與付款的疑難雜症

由於費用龐大，必須細心且慎重地撰寫合約書，目前整修裝潢的合約書並沒有統一格式，通常設計公司跟承包商都有自己的格式，合約書上都會有付款方式等通用內容，可向設計師或包商索取確認。

填寫合約書 先仔細閱讀合約書上記載的項目與內容後再進行填寫，帳目內容會因為設計師與包商的不同而異，大致上會分成設計費用與施工費用，打合約時，務必仔細確認這兩個大項目底下所包含的細部內容，檢查施工費用這一欄有沒有漏寫工程起始日與結束日（施工期間）、材料清單以及施工費用等；動工後，最好也能私下記錄施工期間、材料使用以及是否有僱用其他人力，以利跟合約書做對照，另外，對於施工費用的付款也務必要確認好，一般來說，負責整修裝潢的設計公司或包商會把工程外包出去，對此必須明確記載請款對象，如果合約上記載由設計師或包商負責付款給下包商，最好先聲明付款的責任落在當事者身上，業主本身沒有任何責任。

擬定訂金計畫 每家設計公司跟包商的訂金付款方式不同，最好能事先確認，一般來說，工程總費用的15%是訂金，但最近訂金已經調高到工程總費用的80%，諮詢的時候務必確認清楚。

支付尾款費用 付完訂金後，其餘尾款的支付時間點為工程結束時，這時需跟設計公司或包商的負責人一起檢查合約上的施工內容是否已如期完成，萬一發現有遺漏的項目，或者對施工品質有不滿意的地方，可以在支付尾款之前，把剩下該完成的內容列出來交給負責人，等所有內容確實完成後再支付尾款。

HOME
BAUHOUSE
how you look at it
50
BAUHOUSE
colours
window style
how you look at it
UNDER WORLD
FRIENDSHIP

Magic026

時尚X實用

家。設計

空間魔法師不藏私 裝潢密技大公開

home design story

作者 趙喜善
翻譯 李靜宜
編輯 郭靜澄
美術完稿 鄭寧寧
行銷企劃 洪伃青
主編 彭文怡
總編輯 莫少閒
出版者 朱雀文化事業有限公司
地址 台北市基隆路二段13-1號3樓
電話 02-2345-3868
傳真 02-2345-3828
劃撥帳號 19234566朱雀文化事業有限公司
e-mail redbook@ms26.hinet.net
網址 http://redbook.com.tw
總經銷 成陽出版股份有限公司
ISBN -978-986-6029-066
初版一刷 2011.12
定價 420元

國家圖書館出版品預行編目

時尚×實用 家。設計：空間魔法師不藏私密技大公開
趙喜善著；李靜宜譯．－－初版．－－
台北市：朱雀文化，2011.12
面； 公分．－－（Magicr；26）
ISBN 978-986-6029-06-6（平裝）

1.家庭佈置 2.室內設計 3.空間設計
422.5 100022782

About買書：

●朱雀文化圖書在北中南各書店及誠品、金石堂、何嘉仁等連鎖書店均有販售，如欲購買本公司圖書，建議你直接詢問書店店員。如果書店已售完，請撥本公司經銷商北中南區服務專線洽詢。
北區（03）358-9000、中區（04）2291-4115和南區（07）349-7445。

●●至朱雀文化網站購書（http:// redbook.com.tw），可享85折。

●●●至郵局劃撥（戶名：朱雀文化事業有限公司，帳號：19234566），
掛號寄書不加郵資，4本以下無折扣，5～9本95折，10本以上9折優惠。

●●●●親自至朱雀文化買書可享9折優惠。